# Excel VBA

## 文法はわかるのにプログラムが書けない人が読む本

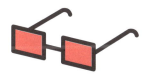

田中 徹 著

技術評論社

## ■サンプルプログラムについて

　本書で作成しているサンプルプログラムは、以下のURLの本書サポートページからダウンロードすることができます。

　ダウンロードしたファイルは圧縮ファイルとなっていますので、解凍してからご利用下さい。

https://gihyo.jp/book/2019/978-4-297-10814-4/support

## ■ご注意

本書に記載された内容は、情報の提供のみを目的としております。したがって、本書を参考にした運用は必ずご自身の責任と判断において行ってください。

本書記載の内容に基づく運用結果について、著者、ソフトウェアの開発元/提供元、株式会社技術評論社は一切の責任を負いかねますので、あらかじめご了承ください。

本書に記載されている情報は、とくに断りがない限り、2019年7月時点での情報に基づいています。ご使用時には変更されている場合がありますので、ご注意ください。

## ■登録商標

本書に記載されている会社名、製品名などは、米国およびその他の国における登録商標または商標です。なお、本文中には®、™などは明記していません。

# 目次

目次 ································································································· 3

## 第1章

## 「やりたいこと」を「プログラム化」できないのはなぜか   13

### 1-1　この本のねらい ································································ 14

VBAを使いこなすのは難しい? ····················································· 14

### 1-2　やりたいことを「プログラム化」できないのはなぜか ················ 15

コーディングスキルとプログラム化スキルは別もの ························· 15
カギは「発想力」と「論理的思考力」　この二つを身につけよう ·········· 16
言葉や図にできればコード化できる ·············································· 17

### 1-3　プログラムを作る上で大切なこと ········································ 18

だれが使うのかはっきりさせよう ················································· 18
『ちょっと詳しい人』が組んだデリケートなマクロ ··························· 19

### 1-4　業務プログラムはシートモジュールに書くべし! ···· 20

マクロとVBAの違い ·································································· 21
ActiveXコントロールを使う ························································ 21

### 1-5　どんな関数があるのかを知らないと発想力も生まれない ················ 23

数値系 ···················································································· 23
型変換系 ·················································································· 23

目次

文字列系 ………………………………………………………………… 24

ファイル操作系　その他 ………………………………………………… 24

## 1-6　本書を読むにあたって　押さえておくべきポイント ……………… 25

本書におけるコーディング基準 ………………………………………… 25

本書における「関数」について ………………………………………… 29

サンプルプログラム ……………………………………………………… 29

COLUMN　見やすいコーディングスタイル …………………………… 30

# 第2章

## 発想力を支える基礎知識　　33

## 2-1　外部変数を使いこなす ………………………………………………… 34

プロシージャとモジュール ……………………………………………… 34

変数は宣言する場所で、適用範囲が変わる …………………………… 35

他のモジュール同士で共有できる外部変数 …………………………… 36

変数の命名基準 …………………………………………………………… 39

定数 ………………………………………………………………………… 40

## 2-2　フォームを使うと何が便利なのか ……………………………………… 42

フォームのメリット ……………………………………………………… 42

前回の設定を引き継ぐ …………………………………………………… 44

終了前の確認 ……………………………………………………………… 46

## 2-3　フォームを閉じたそのあと …………………………………………… 47

フォームとシートの情報共有は、やっぱり外部変数！ ……………… 47

完了ボタンもキャンセルボタンも確認してから ……………………… 50

目次

## 2-4　発想力を支えるコントロール活用術⋯⋯⋯⋯⋯⋯⋯53

テキストボックス⋯⋯⋯⋯⋯⋯⋯⋯⋯⋯⋯⋯⋯⋯⋯⋯⋯⋯⋯53
コマンドボタン⋯⋯⋯⋯⋯⋯⋯⋯⋯⋯⋯⋯⋯⋯⋯⋯⋯⋯⋯⋯54
リストボックス⋯⋯⋯⋯⋯⋯⋯⋯⋯⋯⋯⋯⋯⋯⋯⋯⋯⋯⋯⋯55
コンボボックス⋯⋯⋯⋯⋯⋯⋯⋯⋯⋯⋯⋯⋯⋯⋯⋯⋯⋯⋯⋯56
オプションボタンとチェックボックス⋯⋯⋯⋯⋯⋯⋯⋯⋯⋯57
フレーム⋯⋯⋯⋯⋯⋯⋯⋯⋯⋯⋯⋯⋯⋯⋯⋯⋯⋯⋯⋯⋯⋯⋯58
フォーム⋯⋯⋯⋯⋯⋯⋯⋯⋯⋯⋯⋯⋯⋯⋯⋯⋯⋯⋯⋯⋯⋯⋯59

## 2-5　On Errorを正しく使う⋯⋯⋯⋯⋯⋯⋯⋯⋯⋯⋯⋯⋯61

エラーが起きたら処理を飛ばす⋯⋯⋯⋯⋯⋯⋯⋯⋯⋯⋯⋯⋯61
エラーが起きるのは一箇所とは限らない⋯⋯⋯⋯⋯⋯⋯⋯64
Errオブジェクトを活用する⋯⋯⋯⋯⋯⋯⋯⋯⋯⋯⋯⋯⋯⋯66
エラーが起きても処理を続行したいなら⋯⋯⋯⋯⋯⋯⋯⋯66
**COLUMN**　プログラミングは確率問題に似ている ⋯⋯⋯⋯68

第**3**章

## コーディングの定石を身に付けるための例題
## ≪基本編≫
71

## 3-1　条件に合うデータの件数を調べる
──段階的に具体的に表現する⋯⋯⋯⋯⋯⋯⋯72

性別が不明な人は何人いるか ⋯⋯⋯⋯⋯⋯⋯⋯⋯⋯⋯⋯⋯72
まず、何からするのか⋯⋯⋯⋯⋯⋯⋯⋯⋯⋯⋯⋯⋯⋯⋯⋯⋯73
段階的にコーディング ⋯⋯⋯⋯⋯⋯⋯⋯⋯⋯⋯⋯⋯⋯⋯⋯⋯74
やりたいことを具体的に表現することがプログラム化の発想を生む⋯⋯75
結果検証 ⋯⋯⋯⋯⋯⋯⋯⋯⋯⋯⋯⋯⋯⋯⋯⋯⋯⋯⋯⋯⋯⋯⋯76

5

目次

## 3-2 条件に合うデータの有無を調べる
——それ以降探さない ································· 78

欠損データはあるか ································· 78
フラグを有効に使おう ································ 79

## 3-3 条件に合うデータを合計する
——If文が成立したら足す ···························· 84

平均身長を求めるにはどう考えればいいか ··············· 84
特定の項目を合計する発想 ··························· 85
条件判断を増やして、女性データの処理 ················· 86

## 3-4 最大値/最小値を取得する
——暫定値を使う ································· 91

暫定値という考え方 ································· 92
初期値をどう設定するかを考える ····················· 93
ユーザーインターフェースと運用 ····················· 98

## 3-5 最大値/最小値を取得する・同点あり
——他の方法も考える ······························ 100

他のやり方がないかと考えることが発想の引き出しを増やす ·············· 100

## 3-6 最大値/最小値を取得する・Excel Ver.
——Excelの特徴を使う ······························ 105

該当する行番号だけを取得し、結果表示するときに利用する ·············· 105

## 3-7 外側から作るか内側から作るか ················· 108

外側から作るか、内側から作るか ····················· 108
内側から作る流れ ································· 109
変数にして値を変化させていく ······················· 111

ゼロ割への対処をする……………………………………………………………… 111

**COLUMN** Debug.Printも工夫が必要 …………………………………………… 113

# 第4章

## 汎用化・省力化でよりよいプログラムを 作るための例題≪中級編≫

117

### 4-1 データの終わりを知る
——基本 …………………………………………………………………… 118

End(xlDown).Rowの使用例と注意点 ………………………………………… 118
文字通り「データの最後まで」……………………………………………… 120
データ数の設定をする……………………………………………………… 121

### 4-2 データの終わりを知る
——不規則データ ……………………………………………………… 125

データの規則性を見つけ出し、規則に従ってコーディング …………… 125
規則性のないデータに対する考え方 ……………………………………… 127

### 4-3 暗号化にチャレンジ
——規則性を見つける ………………………………………………… 130

暗号化の内容 ………………………………………………………………… 130
全体構成を考える …………………………………………………………… 131
文字列から必要な個所を抜き出す ………………………………………… 133

### 4-4 社員番号で氏名を取得する
——汎用性を高める …………………………………………………… 139

仕様変更に容易に対応するための工夫 …………………………………… 140
データシートから値を取得するときは関数化が基本…………………… 141

目次

プログラムの修正に時間を掛けない……………………………………… 143

## 4-5　関数の共通化………………………………………………………… 144

汎用的な関数をイメージする………………………………………………… 144

相違点は引数にする…………………………………………………………… 145

エラー処理をする／しないの判断…………………………………………… 146

外部変数を活用して、変動項目の表示……………………………………… 147

## 4-6　背景などを着色するときの工夫…………………………… 149

背景色を設定する基本………………………………………………………… 149

ユーザーが容易に変更できる仕掛け………………………………………… 150

ユーザーフレンドリーなプログラム………………………………………… 151

## 4-7　9×9の計算
### ——二重ループの基本……………………………………………… 153

二重ループを作る基本………………………………………………………… 153

二重ループの内側からコーディング………………………………………… 154

二重ループの外側からコーディング………………………………………… 156

二重ループの内側だけを抜ける……………………………………………… 157

二重ループを全て抜ける……………………………………………………… 159

## 4-8　重複語句を調べる
### ——コードの無駄を省く…………………………………………… 161

処理イメージを描く…………………………………………………………… 161

すでに書いたものは書かない………………………………………………… 165

すでにチェックしたキーワードはチェックしない………………………… 167

## 4-9　全てのチェックボックスのON/OFF切り替え
### ——力技でなくスマートに………………………………………… 171

チェックボックスの基礎……………………………………………………… 171

Controlsコレクションの活用 ……………………………………………… 173

## 4-10 他のExcelファイルのデータを扱う
### ——いろんなチェックが必要 ……………………………… 175

どんなチェックが必要なのか ……………………………………………… 175
段階的開発　まずは、全てうまくいく前提から作る ……………… 177
実務レベルのプログラムに仕上げる ……………………………………… 178
Excel VBA特有のOn Errorを使う ……………………………………… 183

**COLUMN　プログラム作成の7割はデバッグ** ……………………… 185

第5章

## 発想力と論理的思考力を高めるための例題 ≪応用編≫

187

## 5-1 データの並べ替え1
### ——バブルソート …………………………………………… 188

各行で比較し条件に合うように入れ替える ……………………………… 188
無駄な処理をなくすコード ………………………………………………… 191

## 5-2 データの並べ替え2
### ——改良バブルソート ……………………………………… 195

基準行と比較行 ……………………………………………………………… 195
総比較数 ……………………………………………………………………… 197

## 5-3 データの並べ替え3
### ——バケットソート ………………………………………… 198

人の思考をプログラム化する ……………………………………………… 198
同じ値を考慮 ………………………………………………………………… 201

## 5-4 画像を効果的に見せる
——可視化/不可視化 ························ 205

コントロールのプロパティを再確認する ························ 205
コントロールの初期設定を容易にするオブジェクト名に ·············· 206
個別の画像の背景は透明 ····································· 208

## 5-5 関数の戻り値で判断させる
——差異点の処理 ·········································· 210

まずは正しい状態かをチェック ································· 210
パターンの洗い出し ········································ 212
一番楽なパターンからコーディング ····························· 212
逆転の発想 ················································ 215

## 5-6 コンボボックス・リストボックスの連携
——コントロールの活用 ···································· 218

プログラムデザインで処理を明確にする ························· 218
ユーザーの意図しない操作を考慮する ·························· 221
データのレイアウトは、プログラムで使いやすいように ·············· 224
コントロールの活用が、プログラム化の発想の源 ················· 224

## 5-7 データを推理して当てる
——シート上の仕掛けと関数の組み合わせの発想 ·········· 226

取っ掛かりを見つける ······································ 226
コーディングしやすい、シート上の仕掛け ························ 228
変数はIntegerやStringだけではない ·························· 229
ほぼ同じ処理は、既存のコードをちょこっと修正すれば済む ·········· 230

## 5-8 テキストファイルを扱う
——業務プログラムの幅を広げるスキル ················· 233

目次

テキストファイルとは？ ································································· 233
テキストファイルを開くには、開く目的（モード）を指定 ························ 235
ほとんど定型文みたいなもの ······················································· 237
上書きか、追加か ····································································· 239

## 5-9 「マクロの記録」を正しく活用 ································· 242

記録コードを活用する基礎 ··························································· 242
記録されたコードには、無駄がいっぱい！ ········································· 243
記録されたコードを使用した、そのあと ············································ 244
いきなり実行するのは怖い！ ························································· 244
記録されたコードを解明してみる ··················································· 245
手直しの初めの一歩 ·································································· 247
Sort条件設定箇所で省略できるもの ················································ 247
Sort実行箇所で省略できるもの ····················································· 248
さらにカスタマイズ ··································································· 249

**COLUMN** Excelの関数をスマートに活用するにも発想力が必要 ····· 253

# 第 6 章

## 業務システムとして仕上げるための例題 ≪活用編≫　　255

### 6-1 条件により「いい感じ」に案分させる
——人が行う判断の解析 ································· 256

まずは、仕様の確認 ·································································· 256
ユーザーインターフェースとロジック ··············································· 258
ユーザーインターフェースの確認 ··················································· 262
仕様の再確認と段階的コーディング ················································· 263
確認しながらのコーディング ························································· 266

11

目次

## 6-2 全社員が所有する取引先の名刺データ活用
——仕様をまとめる .................................................... 274

仕様をまとめるために大切なこと ................................ 274
使用者をイメージしてユーザーインターフェースを決める .................. 275
運用の確認 ...................................................... 276
運用とプログラム、両面から仕様を決める ........................ 277
詳細を決め、段階的コーディング ................................ 279
コーディングを楽にするコントロール名 .......................... 280
ワイルドカードはかなり有効 .................................... 282
無駄なことをしない工夫 ........................................ 283
さあ、仕上げ! .................................................. 285

COLUMN　VBAの自主練 ........................................ 291


索引 .......................................................... 293

第 **1** 章

# 「やりたいこと」を
# 「プログラム化」できない
# のはなぜか

# 1-1

## この本のねらい

　仕事でExcelを使用し、機能や関数を覚えて使いこなしていくと、さらに高度で便利なVBAスキルを身につけたくなり、本で独学したり、セミナーやスクールで学ぼうと考えたりする方も多いのではないでしょうか。

　私は、個人やグループを対象としたレッスンを数多く手がけています。生徒さんは、VBAはまったく初めてという方ばかりではなく、それなりに学んだことがある方も少なくありません。しかし、VBAについては一通り学んだはずなのに、仕事に活かすことができないという声をよく耳にします。すでに動くプログラムのソースコードに、多少手を加える程度なら簡単にできるけれど、一からコーディングすることができない、といった悩みです。

　本書は、そういった方を対象に、「**どうすればやりたいことをプログラム化できるのか**」に焦点を絞り、考え方を中心に解説しています。

### VBAを使いこなすのは難しい?

　ステートメントへの理解や、必要な構文を覚えたのに、VBAを業務に活かせずに「やっぱりVBAを使いこなすのは難しい」と思っていませんか?

　本書をご覧になる方は、すでにExcelのフィルタや並べ替え機能、関数などを使いこなしていることでしょう。それらの機能も、何も学習せずいきなり使いこなせるようになったわけではなく、少しずつマスターしていったはずです。

　VBAを使いこなせるようになるにも、必要なことを一つ一つ覚えていくしかありませんが、必要なことの中に「考え方」や「発想力」があるのです。

　Excelの関数「=IF(A1>=100,1,0)」をみて、「セルA1の値が100以上なら1を、そうじゃなければ0」が理解できる方なら、VBAで業務を効率化するプログラムを作成することは可能です。難解なものではありません。

# 1-2

# やりたいことを「プログラム化」できないのはなぜか

## コーディングスキルとプログラム化スキルは別もの

なぜ、やりたいことをコード化できないのでしょうか。習得したはずのVBAでプログラムが作成できない理由はどこにあるのでしょうか。

「文法はわかっているのに、やりたいことがコード化できない」

**それは、さまざまな処理を行うプログラムをコーディングする際に、一連の流れをどのようにデザインし、どこで何を行えばいいかという発想力が不足しているからです。**

皆さんはおそらく、変数の型の理解から始まり、条件判断はIfやSelectで記述するとか、繰り返し処理はForやDo Loopで行えばいいということはわかっていることでしょう。IfやForの使い方、これはコーディングスキルです。

でも、それだけではプログラムを作ることはできません。

全体的にどのような処理を考え、どこで何をすればいいのかという、プログラム化への発想力や思い付きが圧倒的に不足しています。

やりたいことをプログラム化する発想はスキルです。ということは、学んで習得することが可能です。

本書では、VBAの構文についてはある程度知識があるけれど、プログラムを作成することに対しては初心者という方を対象に、「プログラム化するためのスキル」を身に付ける術やコツ、考え方などを学んでもらうために書かれています。

プログラムを作成すること、コーディングすることは、割と地味な作業です。コツコツ仕上げていくものです。

100件送られてくるデータを処理するプログラムの場合、どう処理するかの前に「もし、データが0件だったら」「100件を超えるデータだったら」を考えて、そ

15

第 1 章 ……………「やりたいこと」を「プログラム化」できないのはなぜか

の処理をちゃんとコーディングしなければなりません。いわゆるエラー処理というものです。

さまざまな例題を通して、この辺もきちんと学んでいきましょう。

## カギは「発想力」と「論理的思考力」 この二つを身につけよう

発想力は「思い付き」です。「良い思い付き」をするには経験が必要なこともありますが、「噛み砕いて考える」ことがとても重要です。プログラム化するためには、**やりたいことを噛み砕いて考えるということを、意識的にする必要があります。**

そして、「こうすればコード化できる」という良い思い付きが出たら、**その考えに穴はないか、どんなデータでも処理できるかをしっかり確認します。**また、「**もっと良いものはないか」と、さらに深く考えることも必要です。**さまざまな考えや思い付きが、発想力の「引き出し」になり、引き出しの多さが、VBAでプログラムを作成する支えになります。

VBAに限らず、プログラマ・SEと呼ばれる技術者は、打ち合わせ時にクライアントの要望に対して、頭の中で発想力の引き出しを頼りに解決策を探っています。何をどうすれば要望を実現でき、その前提となるもの、障害となりそうな点をすぐに判断し、大まかな流れと詳細を判断していきます。

その一端が垣間見えるときがあります。クライアントの要望が、少し複雑になると予想される機能などについては、解決策の前提となる「データの上限や構成」、「画面などの制約」について質問をしています。質問に対しての回答が芳しくないもので、そのままでは実現が厳しいときは代替案を提案したりできるのも、そういう判断を頭の中で行っているからです。

上限や制約を意識することも、良い思い付きにつながります。

ForやIf、Selectなどの構文を覚えることも大切ですが、どんな発想をすれば、どのコントロールを活用すれば、やりたいことが実現できるのかを、常に意識しながらプログラムを作成していきましょう。

やりたいことを「プログラム化」できないのはなぜか **1-2**

## 言葉や図にできればコード化できる

　ところで、**良い思い付きとは、きちんと言葉で他人に説明できるレベルになっていなければなりません。**「だいたいこんな感じで…」ではだめです。理路整然と説明できるレベルでなくても、曖昧さは排除しなければなりません。つまり「論理的思考力」が求められることになります。

　例えば、AとBとCの値が全て同じかどうかを調べる処理があるとします。
　そのとき、「A、B、Cの全てが同じ値かどうかをチェックして」という説明では、何をどのようにチェックすればいいかわかりません。「AとBが同じ値で、AとCが同じ値で、BとCが同じ値のとき」なら、If文を使って比較することが明確になります。
　前者がざっくりとした曖昧な考え方、後者が噛み砕いた考え方と言えます。さらに、もっと深く考えれば、A=B、A=Cなら、B=Cは比較しなくても同じ値になっていることに気づくはずです。

　思い付いた内容が論理的思考で成り立っているかどうかは、図式化できるかどうかでわかります。逆に言えば、**図式化ができれば、コード化への発想はできていると言えます。**
　本書でもプログラム単位や処理単位でさまざまな図を用いて説明しています。VBAを使いこなしていくためには、図を描くことにも慣れていきましょう。

17

# 1-3 プログラムを作る上で大切なこと

## だれが使うのかはっきりさせよう

　業務に活かせるプログラムを作成するためには、通常に処理されるケースだけでなく、「必須項目が入力されていないのにボタンが押された」といった、エラーケースなどにも対応しなければいけません。

　自分たちの部署で、限られた数人の担当者が使うだけのプログラムなら、あまり細部にまでこだわって作らなくてもいいでしょうか。

　自分だけが使うちょっとしたプログラムを作成するなら、イレギュラーなデータを処理しようとしたとき、プログラムが落ちても特に気にすることはありません。プロのプログラマになるわけではないので、最初から厳しい条件できっちりしたプログラムを作る必要はありません。仲間内の数人だけで使う場合も、「プログラムが落ちるデータは使わないで」と説明しておけば済むでしょう。

　しかし、別にユーザーがいるプログラムでは、そうはいきません。**整っていないデータを処理するときも、おかしな使い方をしても、それなりに処理しなければなりません。**
　また、ユーザーが不特定多数なのか、限られた人なのかによっても、ユーザーインターフェースを変える必要が出てきます。業務を理解している限られた人だけが使うプログラムなら、入力中の細かいチェックに煩わしさを感じるかもしれません。一方、**不特定多数の方が使うプログラムなら、なるべくわかりやすく、親切で丁寧なユーザーインターフェースが求められます。**
　ユーザーを想定したプログラム作りも学んでいきましょう。

## 『ちょっと詳しい人』が組んだデリケートなマクロ

　以前、私の生徒さんがこんなことを言っていました。
　「業務で扱うExcelファイルには、『ちょっと詳しい人』がマクロを組んでくれたので便利に使っています。けれど、データがきちんと揃っていないと、必要なデータまで消えたりします。何を処理したかもよくわかりません。事前にデータが揃っているかを目で確認することは必須だし、マクロ実行後に内容がおかしくなってもリカバリーできるように直前に保存しておき、おかしくなったら『保存せず終了』してから再度ファイルを開くんです。マクロはデリケートというのが、部署での合言葉です」と。

 実は、私の職場も同じような感じです。それで、もっとVBAのスキルを身につけようと思いました。

　マクロ、VBAについてまったくわからない方からは、「ちょっと詳しい人」はVBAのスキルを持った方に見えるのでしょう。そして、そういう人が作ったものは、業務の効率化に役立ってはいるものの、使いにくい部分、デリケートだと思うような部分があり、「VBAはそういうもの」として皆が理解しているのでしょう。
　スキルが足りていない方が作ると、そのような微妙なプログラムになってしまいがちです。とても残念なことですし、VBAをきちんと学んで、より一層業務に活かしてもらいたいと、心から思います。

　ちなみに、前出の嘆いていた方は、VBAを学び、プログラム化するスキルを身に付けた今では件の「ちょっと詳しい人」に代わり、さまざまなプログラムを組んでいます。

 皆さんも、私と一緒に学んでいって、業務に活かせるプログラムを作れるようになりましょう！

# 1-4
## 業務プログラムはシートモジュールに書くべし！

　本書は、VBAの基礎を学んでいる方を対象に、実務に活かすための発想力、考え方を身に付けるための内容になっています。そのVBAの基礎ですが、最初にどこで、どうやって学んだかで、現在の知識にも違いがあるのではないでしょうか。
　その代表例として、「どこにプログラムを書いて、どうやって実行するのか」が挙げられます。

 最初にVBAの入門書で学んだとき、「マクロは標準モジュールに書いて、ダイアログから実行する」とあったのですが、本格的に学ぼうと思って行ったスクールでは、「シートにボタンを配置して実行する。書くのはシートモジュール」という説明だったので、戸惑ったことを覚えています。

　マクロを実行する際に、**図1-4-1**の画面から実行する場合もあります。もしくは、**図1-4-2**のようなボタンをシート上に作成し、クリックすることでプログラムを実行させる場合もあります。

▼図1-4-1　マクロダイアログ　　　　▼図1-4-2　実行ボタン

## マクロとVBAの違い

まず、「マクロ」と「VBA」という用語、表現についてですが、特にはっきりと使い分ける必要はありませんし、別物ということでもありません。

正確にいうと、**マクロは機能そのものであり、VBAはプログラム言語です。**マクロの機能とは、一連の操作を記録したり、自動的に実行したり、編集したりすることです。

ときどき耳にする「マクロは操作を記録すること、VBAは自らコーディングすること」というのは、正しくありません。

## ActiveXコントロールを使う

本書では、図1-4-2のように**シートにボタンを設置し、そのボタンが押されたらプログラムが実行されるように作ります。**

その際に使用するボタンは、[開発]タブ→[挿入]で表示される**[ActiveXコントロール]**のボタンです（**図1-4-3**）。ボタンに限らず、テキストボックスやオプションボタンなど、コントロールは全てこちらを使います。

▼図1-4-3　ActiveXコントロール

ソースコードは、[開発]タブ→[コントロール]の[デザインモード]をオンにしてコントロールをダブルクリックするか、右クリックでメニューを表示し、[コードの表示]からVBE画面に進みます。設置したボタンの修正も、デザインモードで行います。

その手順でソースコードを書くと、同じシートにあるコントロールは同じモジュールになり、別シートは別モジュールになるのですね。

複数のシートにいくつもコントロールがあり、それぞれにソースコードを書く場合、モジュールが分かれていたほうが見やすいですし、効率よく書けます。

第 1 章 ……… 「やりたいこと」を「プログラム化」できないのはなぜか

　ただし、社内のチームでVBAを使ってプログラムを作成する場合は、そのルールに従って下さい。

　シートモジュールでの詳細、シートモジュール同士の情報のやり取り、標準モジュールの使い方などは、第2章で詳しく解説しています。

---

**TIPS**
## コントロールの使い分け

　フォームコントロールは、コマンドボタン以外は主にセルとリンクさせて使用します。VBAコードを使用しないでセルのデータを参照や操作する場合です。また、特定のイベントへ簡単にマクロを登録することが可能です。

　一方、ActiveXコントロールは、設定可能なプロパティの豊富さ、幅広いイベントへの対応などが特徴です。さらに、ユーザーフォームへ設置可能なのは、ActiveXコントロールだけです。

　本書では、ActiveXコントロールを使ってVBAをコーディングしていく方法を学んでいきます。

---

**TIPS**
## シートの操作

　シートの追加や削除、シート名を変更することも、もちろん可能です。一時的にシートを追加し、データを書き込んで処理を行い、必要が無くなったらそのシートを削除するなどの処理は、ときどき見受けられます。

　ただし、ボタンが配置されているシートを削除するには、注意が必要です。自分のシートを削除することになり、可能ですがあまりその必要性があるケースは思い付きません。シートを削除すると、対応するシートモジュールも削除されますので、ソースコードが無くなってしまいます。

　ボタンをクリックして動くロジックの最後に、自分のシートを削除するならいいのですが、削除した後に、任意のセルに値を書いたりすると、当然エラーが起きます。

　ただし、セルを参照するときに、ActiveSheetを付けるなら、自分のシートを削除しても、別のシートがActiveになりますのでエラーは起きません。

　いずれにしても、あまりお勧めできる処理ではない気がします。

# 1-5

## どんな関数があるのかを知らないと発想力も生まれない

　Excel-VBAには、たくさんの関数が用意されています。関数を知らないと、発想力は生まれませんし、スマートなコードを書くことも困難になります。**関数は、発想力を支える小道具と言えます。**一度、VBAにはどんな関数があるのかをネットや書籍などで調べ、確認しておくことをお勧めします。

　その中でも、使用頻度が高い関数、知っておくと便利な関数を挙げておきますので、最低限覚えておいて下さい。本書でも利用しています。関数の解説は簡潔に表記していますので、詳細はきちんと確認しておいて下さい。表内の引数のうち [ ] は省略可能です。

## 数値系

| | |
|---|---|
| **Int(number)** | 整数を返す |
| **Abs(number)** | 絶対値を返す |
| **Val(string)** | 文字列から数値を返す |

## 型変換系

| | |
|---|---|
| **CCur(expression)** | 通貨型に変換 |
| **CDate(expression)** | 日付型に変換 |
| **Chr(charcode)** | 文字コードから文字に変換 |
| **Format(val[,type])** | 指定した書式に変換 |
| **Replace(expression, find, replace [ ,start[ ,count [ ,compare ]]])** | 文字列の置換 |

第 1 章 ……… 「やりたいこと」を「プログラム化」できないのはなぜか

## 文字列系

| | |
|---|---|
| Left(string, length)<br>Mid(string, start[, length])<br>Right(string, length) | 指定位置の文字列を返す |
| Len(string) | 文字列の文字数を返す |
| InStr([ start, ] string1, string2 [ ,compare ]) | 文字を検索し位置を返す |
| Str(number) | 数値から文字列に変換 |
| StrConv(string, conversion [ ,LCID ]) | 大文字・小文字、半角・全角など文字列の変換 |

## ファイル操作系　その他

| | |
|---|---|
| Dir[(pathname[,attributes])] | ファイルやフォルダの検索 |
| CurDir[(drive)] | 指定ドライブのカレントフォルダを取得 |
| IIf(expr,truepart,falsepart) | 条件により、二つのうち一つの値を返す |
| Array(arglist) | Variant型変数に配列として値を一括代入 |
| LBound(arrayname[,dimension]) | 配列のインデックスの最小値を返す |
| UBound(arrayname[,dimension]) | 配列のインデックスの最大値を返す |

　また、関数ではありませんが、ファイルを操作するには、Open、Close、Input、Output、Appendといったステートメントは必須です。

　さらに、ActiveWorkbook.Path、ActiveWorkbook.FullName、Workbooks.Countなど、VBAであらかじめ用意されている情報もあります。本書では詳しい説明は割愛しますが、合わせて覚えておきましょう。

24

# 1-6

## 本書を読むにあたって 押さえておくべきポイント

### 本書におけるコーディング基準

本書内およびサンプルコードで使用しているコーディング基準は、以下の通りです。

① Option Explicit は必ず宣言

② Range や ComboBox などでの「.Value」は省略

③ Integr と Long は使い分ける

④ 変数の初期化は、明示的に行う

⑤ 配列のインデックスは 0 からで、buff(10) の場合は 0〜9 を使用

⑥ Sub、Function の引数は値渡し

⑦ 可能な限り、WorksheetFunction は使用しないでコーディング

⑧ Goto 文の禁止

上記それぞれに付いて、なぜそういう基準にしたかを説明しておきます。プログラム化するための発想力スキルに直接結びつくことではないかもしれませんが、プログラムを作成するという行為に対しては、基準の理由とともに意識することで、考え方の一翼を担うことになるはずです。

#### ■ ① Option Explicit は必ず宣言

まず、**変数の宣言は必ず行うように、オプションで設定します。**abc という変数に演算結果を入れたのに、表示するときに abcd と間違えたら、「ちゃんとエラーになってもらいたい」からです。Option Explicit の宣言をしないと、実行するにあたってはエラーとはならず、ただ残念な結果になるだけで、実行結果の間違いを見つけにくくします。

第 **1** 章 ………… 「やりたいこと」を「プログラム化」できないのはなぜか

### ■ ② RangeやComboBoxなどでの「.Value」は省略

省略可能なものは省略したほうが、見た目すっきりするという理由です。また、セルやコントロールの参照をする際に、.Valueを省略することによって、使っているプロパティを、かえって意識するようになるため、そして何より、アクティブシートのセルを参照するときに、ActiveSheetを省略するのと同じ理由からです。

### ■ ③ IntegerとLongは使い分ける

これについては、意見が分かれるかもしれません。内部的には、Integerは2バイトでLongは4バイトだから消費メモリの差があるから使い分けるべきという意見もあれば、今のExcelのバージョンでは、Integerは全てLongに変換してから処理を行うので、Integerを使うとほんの少しだけ、処理が遅くなるという意見もあります。ただ、その処理速度を実感するかどうかは、微妙です。もっとも、2バイトだの4バイトだの言っても、そもそもパソコンが32ビット（4バイト）か64ビット（8バイト）かにも依ります。

私がIntegerとLongを使い分ける理由としては、Integerの範囲内で収まるデータのはずなのに、もし、オーバーフローする値になってしまったら、ちゃんとエラーになってもらいたいからです。Option Explicitの宣言をする理由と同じです。

落ちるプログラムは避けなければなりません。しかしそれ以上に**あってはならないのは、間違った処理結果が出て、それが間違いだと気付かないことです。その点だけでも、IntegerとLongを使い分ける理由になるかと思います。**

とは言え、もしあなたの所属するプロジェクトで「Integerは使わずLongで統一」というルールがあるなら、それに従って下さい。

極たまに、「変数は全てVariantで宣言すればいい」という意見を耳にすることがあります。これは**言語道断**と言わざるを得ません。正しい結果を得ることより、プログラムが落ちないことを最優先にした考え方で、誤っています。

### ■ ④ 変数の初期化は、明示的に行う

VBAではInteger型変数は、わざわざコードで初期値を与えなくても0になり、String型では、ブランクが入ります。ですが、文字列を連結させたり、条件によって値をクリアしたりするロジックは多々あります。そのためにも、**「変数は使**

う前に値を入れる」を意識して下さい。数行の簡単なコードでしたら問題ないことでも、二重ループ、三重ループになると、どこで初期値を与えるかが、とても重要になります。その癖を付ける意味でも、変数に初期値を入れることを習慣にして下さい。次のサンプルコードで説明します。

```
Private Sub CommandButton1_Click()
Dim i As Integer
Dim buff As String
    For i = 0 To 9
        buff = buff & "A"
    Next i
    MsgBox buff
End Sub
```

　変数iは、使う前に初期値を与えています。Forループでの「i = 0」です。一方、変数buffは、buffに値を代入する前に、buffの値を参照しています。「buff = buff & "A"」のステップで、最初に行われるのは「=」の右辺になるからです。この場合、For文の前に、「buff = ""」と、初期値を明示的に設定するようにしましょう。

　わかりやすく言うと、**「代入文の右辺、もしくは、If文での比較に使われる前に、必ずその変数に値を入れる」**と覚えて下さい。

### ⑤ 配列のインデックスは0からで、buff(10)の場合は0〜9を使用

　これもさまざまな意見があることでしょう。まず、「buff(10)」と宣言するか「buff(0 to 9)」と宣言するかは、正直どちらでもいいかと思います。極端な言い方をすれば、好みの問題でしょう。それよりも「buff(10)」と宣言したときに、Indexは0〜9、0〜10、1〜10と、どれを使うのかをはっきりさせなければなりません。**本書では、0〜9とします。**理由としては、Indexは0から始まるのが大前提ですし、ComboBoxやListBoxのListIndexも0から始まります。

　Variant型で宣言した変数に、Arrayで一括代入したら、やはり0からになります。

　buff(10)と宣言した場合、「buffという10個の値を入れる変数を用意した」ということで、10個なので0〜9と理解して下さい。これも、本書の決め事なので、

職場のプロジェクトやチームの方針を確認し、そちらに従って下さい。

### ⑥ Sub、Functionの引数は値渡し

サブルーチンやプロシージャで、例えば引数があるtestSubを記述する際は、Private Sub testSub(aaa As Integer) としますが、(ByVal aaa As Integer) として扱います。ByRefでのサンプルコードはありません。

### ⑦ 可能な限り、WorksheetFunctionは使用しないでコーディング

VBAの特徴として、シートの関数を使えるという、とても便利な機能があります。私もプログラムを作成するときには、ときどき使用します。ですが、プログラム化する発想力を学ぶ今の時期に、WorksheetFunctionでExcelの関数を多用すると、それがベースになってしまい、柔軟な発想力を身に付けることが難しくなってしまいます。

### ⑧ Goto文の禁止

処理の流れを強制的に制御するGoto文は、本書では使用しません。唯一使うのは、On Errorステートメントだけです。

皆さんには、「Gotoは使わなくてもコーディングはできる」「Gotoを使わないほうが読みやすいソースコードになる」と理解して頂きたいです。

 私の部署でも、この辺のルールは個人任せで統一されていません。

ここで挙げたコーディング基準は、私がレッスンする生徒さんにも伝えているものです。これからVBAを業務に活かすために学ぼうとするなら、ぜひ、取り入れて下さい。

とは言え、絶対的なものではありません。**社内やチームの決まりごとがあるなら、それに従って下さい。ですが、「①のOption Explicit宣言」と、「⑧のGoto文禁止」は、極力採用して下さい。**

## 本書における「関数」について

最後に関数について触れておきます。

VBAの学習を始めたばかりのときは、モジュール、プロシージャ、サブルーチン、ファンクション、ステートメントなど、用語を覚えるのに苦労したのではないでしょうか。

言語を問わず、プログラミングの全体的なこととして、もしくはVBAとしての用語や使い方などそれなりに決まりはあります。ですが、本書を読みやすくするためと、コーディングを考えるときに簡単にするために、本書では、次のように使っていきます。

Subでコーディングするサブルーチンも、Functionでコーディングするファンクションも、合わせて「関数」と表現します。個々のソースコードを指すときは、「プロシージャ」と表現するときもあります。**値を返す関数がFunction、返さないで処理するだけの関数がSubと理解しておいて下さい。**

モジュールについては、外部変数を理解するために、第2章で詳しく解説しています。

## サンプルプログラム

本書では、さまざまな例題を使って詳しく解説しています。例題に使用したプログラムは、

https://gihyo.jp/book/2019/978-4-297-10814-4/support

からダウンロードできるようになっています。

サンプルのソースコードを開き、確認しながら本書を読み進めていくと、一層理解に役立ちます。

ソースコードをアレンジして使用するなど、自由に活用して頂ければ幸いです。

第 1 章 ……… 「やりたいこと」を「プログラム化」できないのはなぜか

## COLUMN

# 見やすいコーディングスタイル

VBAでコーディングするときに、「こうじゃなければならない！」という絶対的な決まりはありませんが、自分なりのルールを定めることにより、全体が見やすいソースになります。見やすいということは、可読性、判読性を向上させ、何よりミスを防ぐのにとても役立ちます。

プロジェクトやチーム単位でVBAを活用しているなら、基準や統一ルールを定めることをお勧めします。そうすれば、他の人が書いたソースコードを読むのも、苦にはならないでしょう。

本書でも採用しているコーディングスタイルを紹介しますので、参考にして下さい。

### ● 変数の宣言は一箇所にまとめる

内部変数の宣言は、処理ロジックのどこでも行うことができます。ですが、**プロシージャの先頭箇所でまとめて行いましょう。**

また、宣言する順も意識します。Integer型やString型など、型でまとめるのではなく、使用する順で宣言したり、ループカウンタやバッファなどの使い回す変数と意味のあるデータを扱う変数を分けたりなどします。

### ● 字下げを正確に使う

**ForやIf、Withなどのステートメントの中は、TABで字下げをして書きます。** ForやIfのネストが深くなればなるほど、重要性が増します。

### ● コメントはたくさん入れる

1行ずつ、全てのステップにコメントを入れるのはやり過ぎかもしれませんが、処理単位や各If文に対して、何を行っているのか、どんな条件で処理が行われるのかなど、**的確なコメントは、生産性を高めます。**

また、SubやFunctionには、処理概要をコメントで書いておきましょう。

見やすいコーディングスタイル　**COLUMN**

### ● モジュール内のプロシージャの並び順

デザインモードでボタンなどのコントロールをダブルクリックしたり、メニューからコードの表示でVBE画面に移動したりすると、初めてコードを書く際、モジュールはアルファベット順に並びます。

そのままにするより、コマンドボタン、フォーム関係、リストボックスなど、コントロールの種類毎に並べるなどの工夫をしましょう。

### ● If文はわかりやすく

AndやOrが混在するIf文は、とてもわかりにくいものです。全てAndや全てOrなら、いくつ条件式を並べてもすぐに判読可能ですが、括弧が正しく使えているとしても、複雑な条件式になるIf文は避けてコーディングしましょう。

### ● Doループの使用は慎重に

Do～Loop WhileやDo While～LoopなどのDoループは、使い慣れればとても有効なステートメントですが、ループを抜ける条件が成立しないと、抜けることのない無限ループになってしまいます。

例えば、データ列をループで順に読んでいき、あるデータと一致したらループを抜けるコードを書くとします。

人的ミスもイレギュラーケースも含めて、「ループを抜けるデータがないことは起こり得ない」が保障されているなら、この処理にDoループを使うことは問題ありませんが、万が一にも抜けるデータがないことが起こり得るなら、Doループは避けてコーディングしましょう。

この場合の代替案としては、余裕をもった回数のForループにして、抜けるべきデータと一致したら、Exit Forなどが有効な方法です。

ちなみに、テキストファイルを最終行まで読み込む「Do Until EOF(1)」は、これ以外のコードが思い付かないほど、お決まりの常套句的な書き方なので、安心して使うことができます。第5章で扱います。

31

第 **2** 章

# 発想力を支える基礎知識

# 2-1 外部変数を使いこなす

使用ファイル：2-1.xlsm

　VBAには、内部変数と外部変数という種類の違う変数があります。外部変数は、「グローバル変数」という言い方をしたりもします。内部変数や外部変数を正しく理解することで、効率よくコーディングでき、メンテナンスしやすく汎用性の高いプログラムを作成する発想の手助けにもなります。
　二つの変数について、わかりやすく説明していきます。

## プロシージャとモジュール

　図2-1-1のように、ExcelのSheet1にコマンドボタンbtn10とbtn11、Sheet2にbnt20とbtn21を配置しました（方法は1-4参照）。これを例に、変数を理解するために、まずは必要な用語の説明から始めます。

▼図2-1-1　シートとボタン

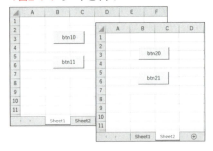

　図2-1-2は、Sheet1に配置されたボタン二つと、ソースコードを記述するVBE画面の相関を表しています。
　btn10をクリックしたときに動くプログラムは、「Private Sub btn10_Click」の記述から「End Sub」までの中に記述します。この単位を**プロシージャ**といいます。プロシージャには「Sub」と「Function」があります。

▼図2-1-2　シートとVBE

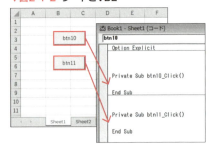

　Subはサブルーチン（subroutine）の略、Functionはファンクション、直訳す

ると機能や作用ですが、コンピュータの世界では、関数という意味になります。

第1章でも述べましたが、SubとFunctionをまとめて「**関数**」と表現することもあります。

Sheet1には、Private Sub btn10_ClickとPrivate Sub btn11_Clickの二つのプロシージャがあり、これらが記述されている全体を**モジュール**と呼びます。モジュールの先頭には「Option Explicit」が宣言されています。モジュールには様々な種類がありますが、シート上のボタンのプロシージャは、シートモジュールに記述されます。

## 変数は宣言する場所で、適用範囲が変わる

ソースコードを見てみましょう。

▼ Source Code [Sheet1のモジュール]

```
Option Explicit
'モジュール内の全てのプロシージャで使える
Dim mdVal As Integer

Private Sub btn10_Click()
Dim val10 As Integer    'プロシージャ内のみで使える

End Sub

Private Sub btn11_Click()
Dim val20 As Integer    'プロシージャ内のみで使える

End Sub
```

プロシージャbtn10の内で宣言している変数「val10」や、btn11内で宣言している変数「val20」は、そのプロシージャのみで使用できる変数です。これを**内部変数**といいます。「内部変数」という言い方は、「外部変数」に対する対義語のようなもので、単に「変数」と言ったら、内部変数を指します。

プロシージャの外、モジュール内で宣言されている変数「mdVal」は、**モジュール変数**と言い、モジュール内全てのプロシージャで使用できる変数です。

もし、btn10の中で「Dim mdVal As Integer」と、モジュール変数と同じ名前の変数を宣言した場合、別の変数として扱われ、btn10内で値を代入したり参照したりする場合は、内部変数のみが対象となります。特にエラーではありませんが、混乱を避けるために、モジュール変数と同じ名前の内部変数を宣言することは避けるようにしましょう。

ちなみに、変数の適用範囲を**スコープ**と表現します。

 内部変数と外部変数は、必要に応じて使い分ければいいのですね。

---

**TIPS**

### プロシージャとイベント

btn10のSubの宣言に「_Click」が付いているのは、「btn10がクリックされたときのプロシージャ」という意味で、_Clickのことを「イベント」と表現します。コマンドボタンのイベントには、クリックの他にダブルクリックやフォーカスが移ったとき／失ったときなど、いくつか用意されています。Excelをデザインモードにしてコマンドボタンを設置し、ダブルクリックして初めてソースコードを記述しようとするときに、クリックイベントを記述するようになるのは、最も多く使われるイベントだからです。

チェックボックスやリストボックスなど、他のコントロールにも、それぞれいくつものイベントが用意されています。

---

## 他のモジュール同士で共有できる外部変数

Sheet1のモジュールとSheet2の**モジュールで共有して参照できる変数は外部変数として標準モジュールに宣言します。**

 標準モジュールの役割は、正直よくわかっていません。シートモジュールとの違いはなんでしょうか。

図**2-1-2**で、シート上にあるボタンと、そのプロシージャをコーディングする場所は、シートモジュールであると説明しました。図2-1-1のように、複数のシートにボタンがあれば、シート1用のシートモジュール、シート2用のシートモジュールが存在します。この二つのシートモジュール間では、互いの変数の値を参照することができません。

そこで、シートモジュール間で同じ変数を扱いたいときには、標準モジュールで変数の宣言をするわけです。

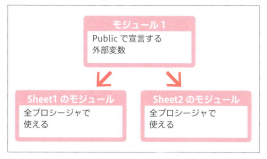

▼図2-1-3 シートとボタン

標準モジュールで外部変数を宣言する際は、「Public gbVal As Integer」のように、**DimではなくPublicとします。**もし、Dimで変数の宣言をすると、その標準モジュール内に記述されているプロシージャが適用範囲となりますので、注意して下さい。

標準モジュールはいくつでも追加することができます。追加した順にModule1、Module2となります。どの標準モジュールで宣言してもよく、適用範囲に差はありません。とは言え、標準モジュールを無意味に多用すると、難読なプロジェクトになりますので避けましょう。

**標準モジュールで宣言された外部変数と、モジュールの上部で宣言されたモジュール変数は、代入された値を保持し続けます。**

**内部変数は、そのプロシージャを抜けると値を保持できません。**というよりは、呼び出されるたびに変数の宣言から実行されるので、その時点でInteger型なら0に、String型ならブランクに初期化されます。

外部変数とモジュール変数が値を保持する状態がわかるようなプログラムを作

第 **2** 章 ......... 発想力を支える基礎知識

成しましたので、確認して下さい。

▼ Source Code [標準モジュール]    `2-1.xlsm`

```
Public gbVal As Integer    '外部変数
```

▼ Source Code [Sheet1のモジュール]    `2-1.xlsm`

```
Dim mdVal As Integer    'モジュール変数

Private Sub btn10_Click()
Dim val10 As Integer    'プロシージャ内のみで使える内部変数
    MsgBox "gbVal:" & gbVal & vbCrLf & "mdVal:" & mdVal
    gbVal = gbVal + 1
    mdVal = mdVal + 1
End Sub

Private Sub btn11_Click()
Dim val20 As Integer    'プロシージャ内のみで使える内部変数
    MsgBox "gbVal:" & gbVal & vbCrLf & "mdVal:" & mdVal
    gbVal = gbVal + 1
    mdVal = mdVal + 1
End Sub
```

▼ Source Code [Sheet2のモジュール]    `2-1.xlsm`

```
Private Sub btn20_Click()
    MsgBox "gbVal:" & gbVal
    gbVal = gbVal + 1
End Sub

Private Sub btn21_Click()


End Sub
```

　btn10とbtn11は、外部変数gbValとモジュール変数mdValの値をMsgbox
で表示し、直後に1増やしています。btn20は、外部変数gbValの値だけを
Msgboxで表示し、1増やしています。btn21は何も処理をしていません。

38

Sheet1のbtn10 → Sheet1のbtn11 → Sheet2のbtn20の順に実行してみて下さい。変数の値の変化がわかります。外部変数やモジュール変数の値がクリアされるのは、Excelファイルを開いたとき、実行中にエラーが起きて処理を中断したとき、デザインモードにしたときです。

一つのプロシージャが処理を終えても、別のプロシージャが実行されるのをずっと待って、値はそのまま残しておくということですね。

## 変数の命名基準

　**変数名は、全角文字、半角文字、アンダースコアが使用でき、先頭は文字でなければならないという決まりがあります。ですが、本書では全角文字は使いません。**「使えるルールなんだから使う」という意見に反対はしませんが、少なくとも私は使いません。

　どういう変数名がいいか、などという絶対的な決まりはありませんが、例えばFor文で使うループカウンタで、行数など特別な意味を持たない変数の場合は、iを使うことが多いです。由来としてはindexもしくはintegerの頭文字と言われていて、二重ループなら次のループカウンタはjを使います。アルファベットでiの次だからです。これに従わなくてもまったく問題ありません。aでもxでも自由に使えます。ループカウンタに使用する変数は、ぶっちゃけ何でも構いません。

　ただし、合計や行番号、人数、取りだした文字など、何度も使用し、意味のあるデータを扱う変数を、全てaやb、cなど簡単な変数名にすると、可読性が下がり、結果、デバッグ作業が極端に遅くなることが懸念されます。プロジェクトで仕事をする場合など、他の人にソースコードを見せる機会があるなら、統一のルールを決める必要も出てくるかもしれません。

　データ範囲を扱う変数なら「dataArea」、フォルダ名なら「folderName」というように、**わかりやすい英単語や、英単語同士をくっつけ、くっつけた単語の先頭を大文字にするなどが多く見られます。**「name」や「address」など、VBAでステートメントやプロパティで設定しているものを変数名にすることは、混乱防止の観点から避けるようにします。

また、「for」や「dim」など、**識別子として使われているものは、予約語としての扱いとなり、変数名としては使用できません。**「dim for as Integer」とすると、その時点でエラーになります。使わないほうがいい文字列、使えない文字列の判断は、プロシージャ内に、その文字列だけを書き、行を確定させると、エラーが起きるか先頭が大文字になるので判断可能です。エラーが起きるなら予約語、先頭が大文字になるならプロパティなどで使用している避けるべき文字列と判断できます。「as」と書いて改行するとエラー、「address」と書いて改行すると「Address」になるという具合です。

VBAを習いたての頃、「変数名は何でもいい」ということだったので、意味のない「a」や「b」、「aa」「aaa」みたいな変数ばかりにして、ソースを後で見直すときに、何が何だかわからなくなったことがあります。

## 定数

変数とは別に、「**定数**」というものがあります。読み方は「ていすう」です。「じょうすう」ではありません。

宣言は「Const SHEET_NAME = "sheet1"」のように記述します。変数での宣言がDimであるのに対し定数はConstになり、SHEET_NAMEが定数名です。プログラムを実行する際、ソースコードにあるSHEET_NAMEをsheet1という文字列に置き換えて実行するという宣言です。

使える文字は変数と同じで、**一目見て変数ではなく定数だと判断できるように、全て大文字で書くなどの工夫があると、ソースコードの可読性が上がります。**適用範囲も変数と同じで、共通定数にする場合は、標準モジュールに「Public Const」で宣言します。

外部変数を使いこなす **2-1**

---

**TIPS**

### 昔からの命名基準を踏襲

　ここで紹介した変数名、定数名の命名基準は、30年以上前から何となく適用されてきた、いわば「暗黙のルール」的なものです。標準的な基準の一つですが、ほかの基準を使う方もいます。プロジェクト毎、会社毎にルールを決めておくことをお勧めします。

---

**POINT**

　変数や定数は、宣言する場所によって適用範囲が変わります。わかりやすい変数名を付けることは、開発、デバッグにとても重要です。内部変数と外部変数で同じ名前が混在することがないように注意しましょう。

# 2-2 フォームを使うと何が便利なのか

使用ファイル：2-2.xlsm

　VBAでプログラムを作るとき、ユーザーフォームを使いこなせると、利便性や操作性が上がりますし、プロっぽいシステムに仕上げることもできます。最初のうちは、フォームをハンドリングするだけで苦労するかもしれませんが、基礎を学び「良い感じのプログラム」を作成するための引き出しの一つとして、身に付けて下さい。なお、各コントロールの詳細については2-4で説明しています。

## フォームのメリット

　フォームを通常通り開くと、フォームを閉じるまでシート上の操作やExcelのメニューは使用できません。フォームに制御が渡っているためです。この特性から、フォームを閉じるまでは、利用者が途中でExcelを終了させたり、デザインモードにしたりするなどの心配がなく、フォームのモジュール変数や外部変数に値が残ったままになります。

　また、フォームにもイベントがいくつか用意されています。特に**フォームを開くときに発生する「Initialize」というイベントが、利便性のいいプログラムを作るためにかなり重宝します。**このイベントで、例えば、二つあるオプションボタンのうち、どっちを初期値でONにするかとか、テキストボックスにどんな値を表示するか、リストボックスの値をどうするかなどの処理が行えます。

　例として、シートにボタンを配置し、クリックすると図2-2-1のようなフォームが開くようにしました。オブジェクト名は「TestForm1」です。
　フォームにはチェックボックスが一つ、オプションボタンは一組二つ、テキストボックスが一つあります。フォームを開くと、チェックボッ

▼図2-2-1　TestForm1

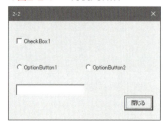

クスはONの状態、オプションボタンはOptionButton2が選択状態、テキストボックスには「サンプル2-2」と表示するようにコーディングしてみましょう。

▼ Source Code 2-2-a [UserForm_Initialize]

```
'フォームを開いたときのイベント
Private Sub UserForm_Initialize()
    Me.CheckBox1 = True
    Me.OptionButton2 = True
    Me.TextBox1 = "サンプル2-2"
End Sub
```

　これを実行すると、**図2-2-2**のようになります。チェックボックスやオプションボタンをONにするには、Trueを代入します。その際、コントロールの「.Value」はセルへの代入と同様に省略して記述しています。

▼図2-2-2 結果

フォームを使ったプログラムは、なんとなくプロっぽい感じになりますよね。しっかり使いこなせるようになりたいと思ってます！

---

**注意**

## オプションボタンはグループ

　図2-2-2でOptionButton1が未選択状態になったのは、OptionButton1にTrueを代入していないからではなく、OptionButton2にTrueを代入しているからです。オプションボタンは、グループで一つだけ選択できるコントロールなので、どれか一つをONにすれば、同グループの他のオプションボタンはOFFになります。

　詳しい使い方は、2-4で説明しています。

> **TIPS**
> 
> **チェックボックス、オプションボタンの初期値はOFF**
> 
> UserForm_Initializeイベントに何もソースコードを書かなければ、CheckBox1、OptionButton1、OptionButton2は全てOFF状態でフォームが開きます。

## 前回の設定を引き継ぐ

　フォームを閉じる際は、フォーム上に配置したコマンドボタンをクリックして閉じるのが一般的です。**[閉じる]ボタンをクリックした際のプロシージャで、フォーム上の各コントロールの値をシートに書き出しておくことで、次回フォームを開いたときに、書き込んだ値を各コントロールに初期値として設定することが可能になります。**

　TestForm1の[閉じる]ボタンにソースコードを追加し、各コントロールの値を書き込むシートを「config」としてコーディングしてみましょう。なお、フォームを開き、閉じるボタンでフォームを閉じる前に、**図2-2-3**のように各コントロールの値を変更しました。

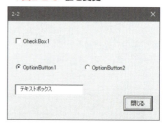

▼図2-2-3　値を変更

▼ Source Code 2-2-b [閉じるボタン]　　　　　　　　　`2-2.xlsm`

```
'閉じるボタン
Private Sub CommandButton1_Click()
    Sheets("config").Range("B2") = Me.CheckBox1
    Sheets("config").Range("B3") = Me.OptionButton1
    Sheets("config").Range("B4") = Me.OptionButton2
    Sheets("config").Range("B5") = Me.TextBox1
    Unload Me
End Sub
```

フォームを閉じるのは、Unload meです。これを実行すると、configシートには、**図2-2-4**のように書き込まれます。

▼図2-2-4 configシート

|   | A | B |
|---|---|---|
| 1 | コントロール | 値 |
| 2 | CheckBox1 | FALSE |
| 3 | OptionButton1 | TRUE |
| 4 | OptionButton2 | FALSE |
| 5 | TextBox1 | テキストボックス |

Source Code 2-2-aを、今度はconfigから各コントロールの初期値を与えるように変更すれば、フォームを開いたときに前回の値を引き継ぐことが実現できます。

▼ Source Code 2-2-c [UserForm_Initialize]　　　　2-2.xlsm

```
'フォームを開いたときのイベント
Private Sub UserForm_Initialize()
    Me.CheckBox1 = Sheets("config").Range("B2")
    Me.OptionButton1 = Sheets("config").Range("B3")
    Me.OptionButton2 = Sheets("config").Range("B4")
    Me.TextBox1 = Sheets("config").Range("B5")
End Sub
```

▼図2-2-5 「前回の値の保存」の考え方

フォームを開いたときに、前回の設定が反映されるというのは、Excelファイルを閉じて、翌日などに開いても前回の状態になるのですね。

もちろんそうです。ちなみに、今回のconfigシートのように、フォーム上の各コントロールの値を扱うシートを非表示にすれば、ユーザーに意識させることなくデータのやり取りができます。

第 **2** 章 ......... 発想力を支える基礎知識

---

> **注 意**
>
> ## チェックボックスとオプションボタンの値
>
> 　今回のプログラムで、初めてフォームを開くときは、configシートのセルB2〜B5までは、何も値がなくブランクの状態です。これでフォームを開くと、CheckBox1にはブランクが代入されることになります。この場合、CheckBox1の状態はOFFとなります。ただし、ソースコードとして、Me.CheckBox1 = "" と記述すると、フォームが開いた際のCheckBox1の値と状態が変わりますので注意が必要です。これは、オプションボタンにも言えることです。
>
> 　コードとしてのチェックボックス及びオプションボタンへの値は、TRUEかFALSEを代入するようにしましょう。

## 終了前の確認

　フォームを閉じるボタンのソースコードは、各コントロールの値をシートに書き込み、すぐに閉じています。しかし、実務レベルのプログラムでは、**いきなりフォームが閉じるのではなく、フォームを閉じていいかの確認があるほうがユーザーにとって親切です。**

　次の1文は、このような場合の常套手段とも言えるステップなので、ぜひ知っておいて下さい。閉じるボタンのプロシージャの最初にコーディングします。

```
If MsgBox("終了しますか", vbYesNo, "閉じる確認") = vbNo Then Exit Sub
```

　Msgboxの2番目の引数「vbYesNo」は、ボタンの種類を決めています。「vbYesNo」ならボタンは「はい」と「いいえ」になり、「vbOKCancel」にすれば「OK」と「キャンセル」になります。「vbOKCancel」にしたら、「= vbNo」の箇所も「= vbCancel」に変更するなどして活用します。

> **POINT**
>
> 　フォームをより効率的に活用するには、開いたとき／閉じるときにどういう処理をするかがカギになります。コントロールだけでなく、フォームのイベントにも理解を深めることが大切です。

# 2-3

使用ファイル：2-3.xlsm

## フォームを閉じたそのあと

　フォームの活用を、実務レベルにするべく、さらに一歩踏み込んだスタイルを学んでいきましょう。

　メインシートにボタンを設置し、クリックすると図2-3-1のようなフォームが開きます。フォームの完了ボタンを押すと、テキストボックスの内容をconfigシートに書き込み終了します。前回同様、次回フォームを開いたときに、テキストボックスの初期値として表示させるためです。

▼図2-3-1　フォーム

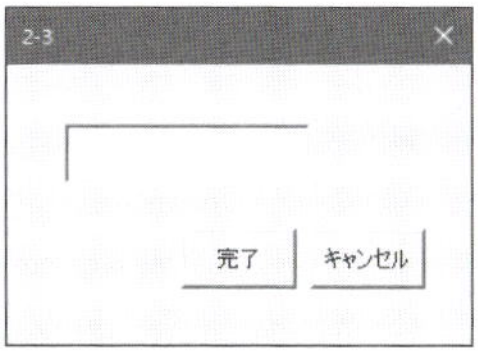

　また、フォームを閉じたあと、メインシートのボタンの処理には続きがあり、configシートに書かれた内容を、メインシートのセルA5にも書き出すことにします。

### フォームとシートの情報共有は、やっぱり外部変数！

　シート上のボタンをButton1としました。その処理フローは、図2-3-2の通りです。Button1のプログラム処理は、フォームを開いたら、フォームが閉じられるまでは何もしませんし、何もできません。制御はフォームに移っています。フォームが閉じられる際、完了ボタンによってなのか、キャンセルボタンによってなのかにより、Button1がフォームを呼び出したあとの処理が変わります。フォームのプログラムによって、configシートに書かれた内容を、メインシートのセルA5に書くか否かです。

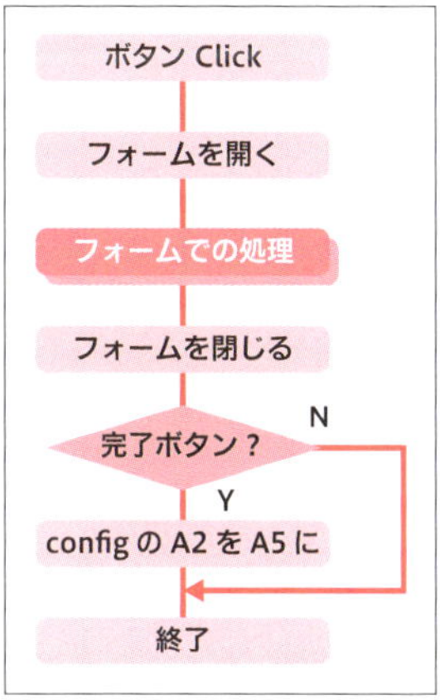

　では、Button1のプログラムは、フォームがどっ

▼図2-3-2　処理フロー

47

ちのボタンで閉じられたかの情報を、どのように受け取ればいいのでしょうか。

フォームを使用するシーンとしては、何か処理を実行させるときに、条件設定をすることも考えられますよね。すると、当然処理をキャンセルする場合もあることになりますね。

**フォームとシートは別のモジュールになるので、情報共有するには外部変数を使います。** まずは、わかりやすくするために、完了ボタンとキャンセルボタンのどちらでフォームが閉じられたのかを判断するだけのプログラムを、コーディングしてみましょう。次章で詳しく説明しますが、フラグとして扱う変数「btnFlag」を外部変数として用意し、完了ボタンのときにはTRUE、それ以外はFALSEにします。

▼ Source Code 2-3-a [標準モジュール]
```
Public btnFlag As Boolean
```

▼ Source Code 2-3-b [シートのButton1]
```
Private Sub Button1_Click()
    btnFlag = False       'フラグの初期値はOFF
    TestForm2.Show        'フォームを開く
    If btnFlag = True Then
        MsgBox "完了ボタン"
    Else
        MsgBox "キャンセルボタン"
    End If
End Sub
```

▼ Source Code 2-3-c [フォームのモジュール]
```
'完了　シートに書き込んで閉じる
Private Sub CommandButton1_Click()
    btnFlag = True    'フラグをONに
    Unload Me
End Sub
```

```
'シートに書き込まずに閉じる
Private Sub CommandButton2_Click()
    Unload Me
End Sub
```

　これを実行すると、完了ボタンでフォームを閉じたときには「完了ボタン」、キャンセルボタンで閉じたときには「キャンセルボタン」とMsgboxで表示されます。

　ここで注意して頂きたいのは、フォームを開く前にbtnFlagをFALSEにし、完了ボタンのときだけ、TRUEにしてからフォームを閉じている点です。普通で考えれば、完了ボタンのときbtnFlag = TRUE、キャンセルボタンのときbtnFlag = FALSEにしてフォームを閉じれば、Button1でフォームを開く前にbtnFlagに値をセットしなくても済みますし、そのほうがわかりやすいです。

　なぜこうしないかというと、フォームは右上に[×]ボタンがあり、これを押すとフォームが閉じるからです。さらに、この[×]ボタンを表示させないとか、無効にしたりすることは、今のExcelのバージョンでは実装されていません。つまり、**btnFlagに何も値をセットせずにフォームを開くというのは、フォームがどのように閉じられたかを正しく判断できないということになります。**

　先ほど「完了ボタンのときにはTRUE、それ以外はFALSEに」と表現したのもこのためです。

　今回のSource Code 2-3-bとSource Code 2-3-cの方法なら、[×]ボタンでフォームが閉じられたときには、フォームを開く前にbtnFlagに代入したFALSEが値としてそのまま残っていますので、キャンセルボタンと同じ処理になります。ユーザーが、フォームを×ボタンで閉じたなら、意味合いとしてはキャンセルと同じで間違いではありません。

　ユーザーが、どういう操作をするかを、しっかり考えないといけないのですね。

## 完了ボタンもキャンセルボタンも確認してから

フォームのプログラムを仕上げていきましょう。

完了ボタンでもキャンセルボタンでも、まずは**図2-3-3**および**図2-3-4**のように、Msgboxで確認をしてから処理を行うようにします。どちらも「いいえ」が押されたら、プロシージャを抜けフォームは閉じません。

▼**図2-3-3** 完了ボタン

▼**図2-3-4** キャンセルボタン

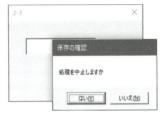

確認メッセージで「はい」が押されたら、完了ボタンのときには、configシートのセルB2にTextBox1の値を書き込んでからフォームを閉じます。

なお、フォームは開くときに、configシートのセルB2の値をTextBox1に代入するため、UserForm_Initializeのプロシージャを追加します。

▼ Source Code 2-3-c修正 [フォームのモジュール]　　　　　　　　　2-3.xlsm

```
'完了　シートに書き込んで閉じる
Private Sub CommandButton1_Click()
    If MsgBox("テキストボックスの値をシートに保存して終了します", vbYesNo, _
                            "保存の確認") = vbNo Then Exit Sub
    btnFlag = True
    Sheets("config").Range("B2") = Me.TextBox1
    Unload Me
End Sub

'シートに書き込まずに閉じる
Private Sub CommandButton2_Click()
    If MsgBox("処理を中止しますか", vbYesNo, "保存の確認") = vbNo Then Exit Sub
```

```
    Unload Me
End Sub

'フォームが開くときの処理
Private Sub UserForm_Initialize()
    Me.TextBox1 = Sheets("config").Range("B2")
End Sub
```

メインシートのButton1のプログラムも、btnFlagの値によってセルA5にconfigシートのセルB2の値を書くように修正します。

▼ Source Code 2-3-b修正 [シートのButton1]　　　　　　　　　2-3.xlsm

```
Private Sub Button1_Click()
    btnFlag = False
    TestForm2.Show
    If btnFlag Then
        Range("A5") = Sheets("config").Range("B2")
    End If
End Sub
```

実行すると、**図2-3-5**のように、メインシートのセルA5に、フォームのTextBox1の値がconfigを経由して書き込まれました。

▼図2-3-5 実行結果

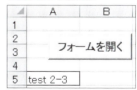

なお、フォームの[×]ボタンを無効にすることはできませんが、**押されたことを検出し、対処することは可能です。**フォームが閉じるときには、QueryCloseイベントが発生します。QueryCloseで、[×]ボタンで閉じないようにメッセージを出し、閉じようとする動作を中止するモジュールを作成しました。次のソースコードをフォームのモジュールに追加して下さい。

第**2**章 ……… 発想力を支える基礎知識

```vba
Private Sub UserForm_QueryClose(Cancel As Integer, CloseMode As Integer)
    If CloseMode = vbFormControlMenu Then
        MsgBox "×ボタンは使わないで下さい"
        Cancel = True
    End If
End Sub
```

　なお、サンプルファイルの2-3.xlsmでは、このプロシージャはコメントにして無効にしてあります。

### POINT

　シートとシート、シートとフォームなど、別モジュールで情報を共有するときは、外部変数を利用するのが基本スタイルです。フォームを効果的に使うシステムでは、この基本スタイルをベースに発想を膨らませましょう。

使用ファイル：2-4.xlsm

# 発想力を支えるコントロール活用術

　本書は、一般的なVBAの入門書とは少し趣が違い、一通りVBAについて学んではいるけれど、実務に活かせずにいる方を対象に書かれています。

　よって、VBAで使用できるコントロールについての詳細な解説は割愛しますが、各コントロールの活用方法がわからないと、プログラム化への発想力も生まれません。簡単な使用方法と、実務で使えそうなシーンを合わせて説明していきます。いろいろ試せるように、ファイル[2-4.xlsm]を用意したので、ぜひ活用して下さい。

## テキストボックス

　**値を取得／設定するには、「Value」もしくは「Text」プロパティで行います。**一般的なプログラムを作成する場合、どちらを使用しても違いはありません（内部的には、ValueはVariant型、TextはString型の値を返します）。

　本書では、「.Value」は省略して書きますので、TextBox1に値を入れるときには「TextBox1 = "abcde"」と、記述しています。

　テキストボックス内の値は文字列ですが、例えば「10」と入力されているとき、Integer型の変数に代入すると、数値の「10」として扱われます。ブランクを含む文字列のとき、Integer型の変数に代入すると、エラーになります。

　テキストボックスに「0.5」と入力されている場合、Integer型の変数に入れると「0」になり「0.6」なら「1」になります。「0.5000001」も「1」になります。

　**編集や入力を不可にするには、「Enabled」や「Locked」プロパティを使用します。**

　Enabledは、フォーカスの取得を制御するもので、意味としては「有効」。よって、Trueにすると使え、Falseにするとキーボードやマウスで操作ができません。

Lockedは「ロックするかどうか」ということなので、Trueにするとテキストボックスの内容の編集を不可にし、Falseなら可にします。

ただし、シート上に置いたテキストボックスでは、「Locked = True」としても、ロックは掛からず、編集ができてしまいます。

Enabled = Falseにすると、文字の色を設定する「ForeColor」で指定した色は有効にならず、淡いグレーになります。「Locked = True」なら、ForeColorは有効に働きます。

「Visible」は、表示/非表示を切り替えます。Trueで表示、Falseで非表示です。

 テキストボックスは、値を扱うならValue、Textどちらでもよく、内容は文字列。編集不可にするには、EnabledとLockedがあり、シート上のテキストボックスでは、注意が必要ということですね。

## コマンドボタン

**使い勝手がいいプロパティは、「Visible」と「Enabled」でしょう。**ともにテキストボックスと同じ働きです。EnabledをFalseにすると、Captionで設定した文字が窪んだ表示になり、いかにもボタンが使えない感じになります。

図2-4-1では、フォーム上にテキストボックスとコマンドボタンを配置し、正しいパスワードが入力されたときだけ[次へ]ボタンが有効になるようにしています。

正しいパスワードは「password」で、テキストボックスに1文字ずつ入力される毎にチェックしているので、「Change」イベントにコーディングしています。

▼図2-4-1 正しく入力されたときだけ[次へ]が有効

VisibleやEnabledを効果的に使うことで、操作性のいいプログラムになりそうです。他のコントロールの状態によって、切り替えるわけですね。

## リストボックス

図2-4-2のように、リストの中から選択するためのコントロールです。扱う上で、必ず必要になるプロパティやメソッドを挙げます。

▼図2-4-2 リストボックス

### ■ Value：選択されている値。省略可

通常は選択されている項目の値を取得しますが、一覧にあるデータと同じ文字列なら、Valueに代入することも可能です。

### ■ AddItem：データの追加

順次データを追加していきます。書式は「ListBox1.AddItem "ABCD"」。

### ■ Clear：データのクリア

登録されているデータをクリアします。

### ■ ListCount：項目数

### ■ ListIndex：選ばれているデータの項目番号

取得も設定も可能。0から始まります。何も選ばれていないときは「-1」になっています。

### ■ List：値の取得、設定が可能。二元配列としてList(?,?)のように使用

値を取り出したり、設定したりが可能です。インデックスが有効範囲になっていないとエラーになります。

■ Selected：各項目の選択状況。配列としてSelected(?)のように使用

　通常、リストボックスが複数選択可能なときに使用します。選ばれていればTrue、選ばれていなければFalseになります。

　次のコードは、フォーム上に配置したリストボックスの、全ての項目の選択状況をイミディエイトウィンドウに出力します。

```
For i = 0 To Me.ListBox1.ListCount - 1
    Debug.Print Me.ListBox1.Selected(i)
Next i
```

　SelectedもListも、インデックスは0から始まりますので、最後の項目はFor文の通り、「Me.ListBox1.ListCount - 1」となります。

　リストボックスは、複数選択を可能にします。その際は「MultiSelect」プロパティで設定します。
　複数選択可にしたとき、ListIndex、Valueは最後に選んだ方になります。また、何も選択されていないと、ListIndexは、通常-1になりますが、複数選択可のリストボックスでは、0になり、Valueも0番目の値になりますので、注意して下さい。

中のデータを変えるときは、最初にClearしてから、AddItemをしないと、ずっと追加になってしまうのですね。何番目が選ばれたか、選ばれたデータは何か、項目数はいくつあるか、は絶対に覚えなければならないプロパティですね。

## コンボボックス

　コンボボックスもリストから選択して入力するためのコントロールです。
　AddItem、Clear、ListCount、ListIndexなどのプロパティは、リストボックスと同じです。その似た点などから、コンボボックスを、「開いたり閉じたりするリストボックス」と誤解している方もいるかもしれませんが、ちょっと違います。

**コンボボックスは、キーボードからの値の入力が可能です。**テキストボックスとリストボックスのコンボというわけです。入力禁止にして、リストから選択するだけにするには「Style」プロパティを使用します。

▼図2-4-3 コンボボックス

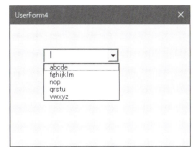

AddItemで値をセットしただけでは、当然何も選ばれておらず、ListIndexの値は「-1」です。フォームを開いたときに、フォーム上にあるコンボボックスで任意の項目を選択状態にさせる場合は、ListIndexに値を入れればOKです。その範囲は、当然「0～ListCount -1」ということになります。

 展開するのがコンボボックス、開きっぱなしなのがリストボックスで、同じものだと思ってました。複数選択させる場合とか、項目数で使い分けると、いい感じのユーザーインターフェースができそうです。

## オプションボタンとチェックボックス

**オプションボタンをフォーム上に配置すると、全ての中から一つだけの選択になります。**男性と女性のどちらかの選択と、年代の選択など、複数のグループに分ける場合は、GroupNameプロパティで設定します。同じグループには同じ名前を設定すればOKです。

オプションボタンは、選択されていれば値はTrueなので、If文では、

▼図2-4-4 オプションボタンとチェックボックス

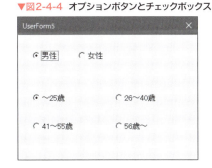

```
If OptionButton1 then
```

とし、選ばれていないIf文は

`If Not OptionButton1 then`

とコーディングすると、ソースが見やすくなります。

　オプションボタンですが、初めてコードを書くときには「Click」イベントが表示されます。このイベントは、OFFの状態をONにすることで実行されます。

　もっともよく使われるイベントが「Change」です。こちらは、OFFがONになっても、ONがOFFになっても実行されます。ONはTrue、OFFはFalseが値として入ります。

　例えば、OptionButton1とOptionButton2があるとします。現在、OptionButton1が選ばれている状態で、OptionButton2を選ぶと、「OptionButton1_Change」と「OptionButton2_Change」が実行されることになります。

　**チェックボックスは、特定の項目に対して、ON/OFFが選択できます。**ONならTrue、OFFならFalseです。

　こちらは、ONをOFFにしても、OFFをONにしても「Click」イベントが実行されます。チェックボックスにもGroupNameプロパティがありますが、設定しても意味はありません。

オプションボタンは二つの場合、どちらかのイベントにコードを書けばいいのですね。値がTrueかFalseなので、IF文で「OptionButton1 = True」は、間違いではないけれど、無駄な書き方なんですね。

## フレーム

　フレームは、ただ線で囲んでコントロールをまとめるという、見た目だけのものではありません。

　一つのフレームの中に、コマンドボタンやテキストボックスなど、いくつかのコントロールを配置したとき、フレームのVisibleを操作することで、**フレームとフレームの中のコントロールを、まとめて表示／非表示にすることができます。**

フレームは、見た目も内部でもグループ分けするものなので、複数のフレームにそれぞれオプションボタンをいくつか配置した場合、GroupNameの設定を行わなくても、グループそれぞれで一つの選択が可能になります。

▼図2-4-5 フレーム

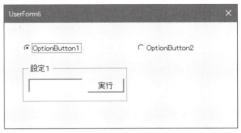

あまり使用する機会は多くないかもしれませんが、フレームにも「Click」や「Enter」などのイベントが用意されています。

なお、フレームは、フォームだけに用意されているコントロールで、シート上に配置して使用するActiveXにはありません。

 コントロールを、まとめて表示／非表示にできるのは便利ですね。

## フォーム

フォームも当然コントロールです。

最も活躍するイベントは「Initialize」でしょう。ただし、Initializeの中でエラーが起きると、デバッグはフォームの呼び出し箇所を指すので、ちょっと面倒です。

そのようなときは、Initializeに記述したコードを、「Click」イベントに移し、とりあえずフォームを立ち上げてからフォームの任意の箇所をクリックして、エラー箇所を特定させるようにします。

 プロパティに「Width」や「Height」もあるので、高さや幅も変えられるのですね。

第 **2** 章 ·············· 発想力を支える基礎知識

## POINT

　各コントロールの全てのプロパティやメソッドを覚えるのは無理があります。最低限必要なことを理解し、覚え、プログラム化するときの発想力の支えとして下さい。

　あまり使わないプロパティについては「こんな設定もできるんだ」程度に、頭の片隅にでも置いて下さい。

　コントロールの配置や色だけでなく、表示／非表示、使用可／不可などをうまく使うと、ユーザーフレンドリーなプログラムに仕上がります。

　紹介しきれなかったコントロールもあります。どんなものがあり、どんな使い方ができるかを探ってみて下さい。

# 2-5

使用ファイル：2-5.xlsm

## On Errorを正しく使う

　VBAでは、プログラム実行中にエラーが発生すると、処理を中断し、エラーメッセージが表示されます。Integer型の変数に文字を代入するとエラーになるなどは、単純なミスとしてエラーが起こらないように対応すべきですが、想定外のデータが入っていたとか、あるはずのシートがなかったなど、イレギュラーなケースも少なくありません。

　そのようなとき、便利に使えるステートメント「On Error」が用意されています。

## エラーが起きたら処理を飛ばす

　**エラー発生時にエラー処理をさせるための代表的な構文は、「On Error GoTo ラベル」です。** エラーが発生したら、ラベル先に処理を飛ばします。

▼ Source Code 2-5-a　On Errorの記述方法

```
Private Sub CommandButton1_Click()
On Error GoTo ER_LBL
    ''''''''''''''''''''''''''
    '　ここにメイン処理を記述 '
    ''''''''''''''''''''''''''
    Exit Sub
ER_LBL:
    MsgBox "エラーが発生しました"
End Sub
```

　「ER_LBL」がラベルで、ラベルの記述は「ER_LBL:」と書きます。エラー時の処理は何もなくても構いませんが、MsgBoxなどでエラーが起きた旨を表示することが多いです。

　また、その直前で、Exit Subと書いているのは、エラーが起きず正常処理した

61

あとも、ラベル以降の処理を行ってしまうので、その直前でプロシージャを抜けるためです。

例えばメインシートに、**図2-5-1**のような表があるとします。ボタンを押すと、Sheet2のA2～A9をB2～B9に、Sheet3のA2～A9をC2～C9にコピーするプログラムを例題にしましょう。

▼図2-5-1 別シートからコピーするプログラム

メインシート

| | A | B | C | D |
|---|---|---|---|---|
| 1 | | 被除数 | 除数 | 演算結果 |
| 2 | 1回目 | | | |
| 3 | 2回目 | | | |
| 4 | 3回目 | | | |
| 5 | 4回目 | | | |
| 6 | 5回目 | | | |
| 7 | 6回目 | | | |
| 8 | 7回目 | | | |
| 9 | 8回目 | | | |

Sheet2

| | A |
|---|---|
| 1 | 被除数 |
| 2 | 90 |
| 3 | 80 |
| 4 | 50 |
| 5 | 60 |
| 6 | |
| 7 | 70 |
| 8 | |
| 9 | 90 |

Sheet3

| | A |
|---|---|
| 1 | 除数 |
| 2 | 5 |
| 3 | 10 |
| 4 | |
| 5 | 5 |
| 6 | 20 |
| 7 | 10 |
| 8 | |
| 9 | 20 |

コードは次の2行で書くことができます。

▼ Source Code 2-5-b

```
Private Sub CommandButton1_Click()
    Sheets("Sheet2").Range("A2:A9").Copy Range("B2")
    Sheets("Sheet3").Range("A2:A9").Copy Range("C2")
End Sub
```

実行すると、**図2-5-2**のように、Sheet2およびSheet3の値がコピーできます。ですが、もしSheet2やSheet3のシート名が変えられていたらどうなるでしょうか。

▼図2-5-2 実行結果

| | A | B | C | D |
|---|---|---|---|---|
| 1 | | 被除数 | 除数 | 演算結果 |
| 2 | 1回目 | 90 | 5 | |
| 3 | 2回目 | 80 | 10 | |
| 4 | 3回目 | 50 | | |
| 5 | 4回目 | 60 | 5 | |
| 6 | 5回目 | | 20 | |
| 7 | 6回目 | 70 | 10 | |
| 8 | 7回目 | | | |
| 9 | 8回目 | 90 | 20 | |

Sheet2のシート名を変えて実行した結果が、**図2-5-3**です。いわゆる「プログラムが落ちた」状態になりました。

▼図2-5-3 実行結果

そこで、ソースコードにOn Errorステートメントを追加して実行してみます。

▼ **Source Code 2-5-c**
```
Private Sub CommandButton1_Click()
On Error GoTo ER_LBL
    Sheets("Sheet2").Range("A2:A9").Copy Range("B2")
    Sheets("Sheet3").Range("A2:A9").Copy Range("C2")
    Exit Sub
ER_LBL:
    MsgBox "シート名を確認して下さい", vbCritical, "error"
End Sub
```

On Errorを設定したプログラムを実行すると、**図2-5-4**のように、MsgBoxが表示されました。プログラムは落ちていません。

▼図2-5-4 **On Error対応**

 こういうエラーに対する処理は、あらゆることを想定して行わなければならないのでしょうか。

第1章でも説明した通り、誰が使うか、どんな使われ方をするかによって、どこまでエラーに対する処理をするかを考えればいいでしょう。

# エラーが起きるのは一箇所とは限らない

　このプログラムには、続きがあります。Sheet2とSheet3から値をコピーしたあと、2行目から9行目まで、B列の値÷C列の値の演算結果を、D列に書き込んでいきましょう。シート名は、エラーが起こらないように戻しておきます。
　すると、**図2-5-5**のように、またエラーが起こりました。
　シート名はSheet2とSheet3になっています。

▼図2-5-5　On Error対応

これは、何が起こっているのでしょうか。

　よく見ると、D列の3行目までは演算結果が書き込まれていますので、4行目でエラーが起きたと推測できます。

　そこで、ソースコードのOn Error行をコメントにして実行してみます。
　すると、**図2-5-6**のようなエラーが発生していたことがわかります。
　つまり、4行目のC列がブランクなので、「50÷0」が行われ、エラーになったわけです。
　このような場合、対処方法はいくつかあります。

▼図2-5-6　システムエラー

On Errorステートメントは、一度書いたら変更不可というわけではなく、何度でも書き直すことができ、設定したOn Errorの内容が変わるまで有効です。

他のシートを参照する前に「On Error GoTo ER_LBL」としておき、演算前に「On Error GoTo ER_LBL2」として、エラー処理を分けるのでしょうか。

それでも構いません。ER_LBLとER_LBL2それぞれの処理を記述すれば、OKです。しかし、エラーのジャンプ先を複数作るより、エラー時のジャンプ先は一つにし、エラーメッセージを分けるほうがわかりやすいソースコードになります。

▼ Source Code 2-5-d　メッセージを変えて複数のエラーに対応　　2-5.xlsm

```
Private Sub CommandButton1_Click()
On Error GoTo ER_LBL
Dim i As Integer
Dim errMess As String
    errMess = "シート名を確認して下さい"
    Sheets("Sheet2").Range("A2:A9").Copy Range("B2")
    Sheets("Sheet3").Range("A2:A9").Copy Range("C2")
    errMess = "値が正しくありません"
    For i = 2 To 9
        Cells(i, "D") = Cells(i, "B") / Cells(i, "C")
    Next i
    Exit Sub
ER_LBL:
    MsgBox errMess, vbCritical, "error"
End Sub
```

この方法なら、処理が追加され、エラーが起こる可能性がいくつあっても、errMessに入れるメッセージを変えるだけで済みます。

第 **2** 章 ......... 発想力を支える基礎知識

## Errオブジェクトを活用する

発生するエラーごとにメッセージを設定しなくても、VBAには、Errオブジェクトが用意されています。**Errオブジェクトのプロパティ「Number」でエラー番号、「Description」でエラーの概要を知ることができます。**

ラベル「ER_LBL」のあとのMsgBoxを「MsgBox Err.Number & vbCrLf & Err.Description」のようにします。

ただし、Sheetsで指定したシートが存在しない場合のDescriptionは「インデックスが有効範囲にありません」と、システムエラー通りなので、エラー処理に慣れていないと、エラーの原因にピンと来るメッセージではないかもしれません。

## エラーが起きても処理を続行したいなら

プログラム実行中にエラーが起きたからといって、必ずしも処理を中断しなければならないわけではありません。

値のコピー元のSheet2やSheet3が無ければ、処理を中断するしかありませんが、2行目〜9行目までの演算中エラーは、次の行以降の演算を続けたい場合もあり得ます。

そのような場合には、「**On Error Resume Next**」とします。これは、エラーが発生したら、その次の命令から処理が継続されます。このプログラムでは、4行目に0で除算するエラーが発生しますが、5行目から処理を継続となります。

For文の前で「On Error Resume Next」とし、実行した結果が**図2-5-7**です。9行目まで演算結果が書き込まれています。

▼図2-5-7　On Error Resume Nextの結果

| | A | B | C | D |
|---|---|---|---|---|
| 1 | | 被除数 | 除数 | 演算結果 |
| 2 | 1回目 | 90 | 5 | 18 |
| 3 | 2回目 | 80 | 10 | 8 |
| 4 | 3回目 | 50 | | |
| 5 | 4回目 | 60 | 5 | 12 |
| 6 | 5回目 | | 20 | 0 |
| 7 | 6回目 | 70 | 10 | 7 |
| 8 | 7回目 | | | |
| 9 | 8回目 | 90 | 20 | 4.5 |

On Errorを正しく使う **2-5**

## POINT

　プログラムは、想定外のデータや予期せぬ使い方などにより、エラーが起こる可能性があります。エラーを正しく処理することは、プログラム全体を考える上でも、プログラム化の発想にも、とても大切なことです。

　また、On Errorをきちんと使いこなせると、すっきりとした読みやすいソースコードがコーディングできるようになります。

## COLUMN
# プログラミングは確率問題に似ている

問題です。

袋の中に白と赤のボールが5個ずつ、合計10個入っています。ボールを1個取り出し、続けてもう1個取り出します。取り出したボールが両方とも赤の確率は？

この問題を読んで、「あ〜、昔から確率問題は苦手なんだよな」と感じる方もいるかもしれません。

一方、すぐに答えられる方は「取り出した1個目のボールは、袋に戻さずに2個目を取るの？」と、確認するかもしれません。1個目を戻すか戻さないかで答えが変わってくるので、重要なポイントを確認しているわけです。

その方ならきっと、1個目を袋から取り出す映像が頭に中に鮮明に描かれ、2個目を取り出すシーンでは、1個目のボールが手元にあることまで描かれていることでしょう。ここでは袋に戻さない条件で考えて下さい。

確率問題が苦手で頭の中に映像が浮かばない方は、図c-1のような図を描いてみると、どう考えればいいかが少しわかってきます。図を描き、言葉で説明することはとても大切です。

▼図c-1　ボールのイメージ

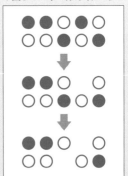

プログラムを作成する際、あらゆることを想定してコーディングしていきます。その、あらゆることを想定すること、図に描いてイメージを膨らませることで解決することが、プログラムを作成することと、確率問題を解くことが似ている点だと思います。

答えは 5 / 10 × 4 / 9 = 20 / 90 で、2 / 9となります。2個目を取り出すときには袋の中の総数も減っていることがポイントです。

プログラミングは確率問題に似ている **COLUMN**

2個目を取り出す前に1個目を袋に戻すパターン、1個目と2個目が赤でも白でも、同じ色になればいいパターンなど、色々図に描いて考えてみて下さい。

では、こんな問題はどうでしょうか。「じゃんけんで、確実に10人に連続で勝てるか？」

これは、10人に連続で勝てる確率を求めるのではなく、「そんな人が実際にいるかどうか」を考える問題です。「あいこ」になったら、勝負がつくまでじゃんけんを行うこととします。

この問題で、「いる」と即答できる方は、発想が柔軟で、プログラムを作成するのに向いているのではないでしょうか。「10人連続でも20人連続でもいる。というか、そういう人を作れる。」と答えるかもしれません。

そんな強運の人が本当にいるのか？と思っている方は、やはり図に描くことで、答えが出るのではないでしょうか。ヒントは、先ほどの「そういう人を作れる」にあります。といっても、じゃんけんに強くなる特訓をするわけではありません。そういう人が存在できる状況を作り出すには？　と考えてみて下さい。

答えは、「2の10乗の人数を集める」です。2の10乗の1,024人を集めてトーナメント戦を行えばいいわけです。

1回戦が終わると半分の512人になり、2回戦が終わるとさらに半分の256人人になります。それを続けると、9回戦が終わると2人になり、決勝戦が10回目になるので、勝者は10人に連続で勝てたことになります。

じゃんけんで、20人に連続で勝つ人を探すなら、2の20乗の人数を集めればいいことになります。これは、とんち問題ではなく、発想力を問うものです。

第 **3** 章

# コーディングの定石を
# 身に付けるための例題
# ≪基本編≫

# 3-1

使用ファイル：3-1.xlsm

# 条件に合うデータの件数を調べる
## ――段階的に具体的に表現する

## 性別が不明な人は何人いるか

この章では、検診結果のデータをサンプルとして使い、さまざまな処理をしていこうと思います。

Excelのシートに、**図3-1-1**のようなデータがあったとします。

- **シート名：検診結果**
- **データ人数：51人**
- **データ行：2行目～52行目**
- **データ項目は、A列：ナンバリング**
- **B列：氏名**
- **C列：性別**
- **D列：身長**
- **E列：体重**

検診結果を集計するにあたり、まずはデータ状況をまとめたり、集計から除外となるデータの有無や件数を調べたりする必要があります。

▼図3-1-1　検診結果表

| | A | B | C | D | E |
|---|---|---|---|---|---|
| 1 | No. | 氏名 | 性別 | 身長 | 体重 |
| 2 | 1 | 阿部 叶恵 | 女 | 159.0 | 48.0 |
| 3 | 2 | 阿部 菜々子 | 女 | 148.0 | 50.0 |
| 4 | 3 | 阿部 大地 | 男 | | 72.0 |
| 5 | 4 | 阿部 万柚 | 女 | 160.0 | 55.5 |
| 6 | 5 | 安斎 千里 | 女 | 164.0 | 45.5 |
| 7 | 6 | 篠原 由季 | 女 | 161.5 | 48.5 |
| 8 | 7 | 井上 夏帆 | 女 | 159.0 | 48.0 |
| 9 | 8 | 井戸 宏記 | 男 | 175.5 | 68.5 |
| 10 | 9 | 磯 京香 | 女 | 149.0 | 42.5 |
| 11 | 10 | 一重 巴南 | 女 | 162.0 | 50.5 |
| 12 | 11 | 宇都宮 夢乃 | 女 | | |
| 13 | 12 | 羽田 貴 | | 170.5 | 66.0 |
| 14 | 13 | 鵜飼 憲一 | 男 | 174.0 | 70.0 |
| 15 | 14 | 永田 学 | 男 | 170.0 | 65.0 |
| 16 | 15 | 永橋 純奈 | 女 | 168.0 | 61.0 |
| 17 | 16 | 横井 航來 | 女 | 156.0 | 50.0 |
| 18 | 17 | 岡 潤一 | 男 | 171.0 | 75.0 |
| 19 | 18 | 岡田 沙織 | 女 | 155.0 | 55.0 |
| 20 | 19 | 岡野 千尋 | 女 | 157.5 | 68.0 |
| 21 | 20 | 岡田 早希 | 女 | 164.5 | 70.0 |
| 22 | 21 | 岡本 貴之 | 男 | 166.5 | 64.0 |
| 23 | 22 | 岡部 優花 | 女 | 168.5 | 60.5 |
| 24 | 23 | 岡本 一樹 | 男 | 184.0 | 91.0 |
| 25 | 24 | 沖 知樹 | 男 | 175.0 | 66.0 |
| 26 | 25 | 加藤 沙耶 | 女 | 172.0 | 64.5 |
| 27 | 26 | 河井 [illegible] | | 166.5 | 54.0 |

「集計」シートに配置したボタンをクリックしたら、性別不明者の件数を調べることにしましょう。

**この処理なら、Excelの関数COUNTIFで調べられますよね。**

確かにその通りです。でも、発想力と論理的思考力を養うのが目的なので、今回は、VBAで行ってみましょう。Excel関数は、VBAで件数を調べた結果を確認する検証ツールとして使えますので、あとで検証することにします。

調べた結果を、右の**図3-1-2**のように、集計シートのセルB1に書き出すことにし、隣にボタンを配置します。

▼図3-1-2　結果記入

| | A | B | C |
|---|---|---|---|
| 1 | 性別不明者 | | 実行 |
| 2 | | | |

## まず、何からするのか

ボタンを配置し、VBE画面を開いて、すぐにコーディングできるのならいいのですが、どうしていいのかがわからない場合、**日本語の表現からプログラムをイメージします。**

今回の処理は、「検診結果のデータの最初から最後までをみて、性別がわからない人を数える」です。それを論理的というか、もう少しプログラムチックに表現してみましょう。これが何より大切なことです。

行番号や列番号など、具体的な値は極力使って表現します。

ええと、「検診結果シートの2行目から52行目までをみて、C列がブランクかどうかを判断し、ブランクならカウントアップしていく」みたいな感じでしょうか。

そうそう、その調子です。

さらに、「2行目から52行目までをみて」ということからForループが必要なことがわかりますし、同様に、「C列がブランクかどうか」ということから、条件判断のIf文が必要だとわかります。あとは、条件に合った人数を数えればいいわけで、それには人数を数えるための変数を用意しておくことも考え付きます。

第**3**章 ……… コーディングの定石を身に付けるための例題≪基本編≫

やりたいことをプログラム化する発想は、突然閃くものではなく、「何をやるのかを、できるだけ詳しく具体的に表現し、一つずつをVBAで用意されているステートメントや関数に置き換える」という作業によって生み出されます。

## 段階的にコーディング

プログラムチックに表現でき、利用するステートメントなどもわかったとしても、いきなり全文をコーディングするのが難しいなら、段階的に作っていくことにしましょう。まずは、For文だけ書いてみます。

▼ **Source Code 3-1-a　まずはForループだけ**

```
Private Sub CommandButton1_Click()
Dim i As Integer
    For i = 2 To 52        '2行目〜52行目まで

    Next i
End Sub
```

ループカウンタを変数 i で用意し、データが入っている2行目から52行目までループするようにしました。

次は、C列がブランクかの判断を付け加えます。その判断をするのは、2行目から52行目までの全員に対して行うので、Forループの中に書くことになります。For文の中に、「検診結果シートのC列（性別）がブランクだったら」のIf文を追加しました。

▼ **Source Code 3-1-b　Forの中にIf文追加**

```
Private Sub CommandButton1_Click()
Dim i As Integer
    For i = 2 To 52
        'C列がブランクだったら
        If Sheets("検診結果").Cells(i, "C") = "" Then

        End If
    Next i
End Sub
```

あとは、If文の中に人数をカウントするコードを記述します。

人数を数えるには、そのための変数を用意し、If文の中で1ずつ増やしていけばいいんですよね。

その通りです。If文の中でカウントするということは、「Ifの条件に合ったから」です。また、せっかく人数をカウントしてもシートに書き出すことを忘れないようにしましょう。下記のソースコードが完成形になります。

▼ Source Code 3-1-c　ボタンクリックで性別不明者を数える　　3-1.xlsm

```
Private Sub CommandButton1_Click()
Dim i As Integer
Dim nsNo As Integer                     '人数をカウントする変数
    nsNo = 0
    For i = 2 To 52
        If Sheets("検診結果").Cells(i, "C") = "" Then
            nsNo = nsNo + 1             '人数をカウントする
        End If
    Next i
    Range("B1") = nsNo                  '人数をシートに書く
End Sub
```

どうでしょうか。プログラムをイメージした表現を、そのままコーディングできていますね。段階的に作成することによって、やりたいことがコーディングできました。

## やりたいことを具体的に表現することがプログラム化の発想を生む

この例題で学んでもらいたいことは、「具体的な言葉で表現すること」が、やりたいことをプログラム化するための発想の源であり、「検診結果シートの2行目から52行目までをみて」や、「C列がブランクかどうかを判断し」などの具体的な表現が、VBAのステートメントに置き換えられるということです。

ループは行や列で回すことになるんですか。

　このプログラムは、「2行目から52行目までをみて」だから i = 2 To 52 としましたが、ループカウンタは、「必ずしも行番号や列番号で回す」ということではありません。たまに、そういう固定観念に捉われている方もいますが、今回は、有効なデータが入っている行番号を、そのままループカウンタとしたほうが便利だからそうしたに過ぎません。

　対象人数が51人なら、i = 0 to 50 でも51回ループを回すことができます。もし、今回のプログラムで0〜50でループを回すなら、Cellsで行を指定するときには i + 2 とするか、別途、行番号を扱う変数を用意して、初期値は2、ループの終わりで1行ずつ変数の値を増やすということが必要になります。無駄なステップが増えてしまいますので、いいやり方とは言えないでしょう。

## 結果検証

　VBAでソースコードを書き、コンパイルエラーがなくなり実行結果が出ると、「プログラムを正しく作れた」という気になってしまいます。**ですが、必ず確認が必要です。**
　では、プログラム結果が正しいかどうかを確認するために、どこかのセルに性別が未記入の人を調べるExcel関数を書いて下さい。

 =COUNTIF(検診結果!C2:C52,"")　です。

　そうですね。結果は同じ3と出ました。これでプログラムが正しく作れたことが証明されました。

## TIPS

### 他のシートのデータを参照するときはWithを使うことも

今回のプログラムは、他のシートのデータを参照していますが、そのステップは1か所だけなので、With … End Withは使いませんでした。しかし、ソースコードの中で参照するステップが多い場合は、Withを使ったほうがソースコードがすっきりしますし、コーディングが容易になります。

## TIPS

### 入力ミスの対応を考えておく

結果の精度が求められる集計においては、データの出どころが「人による入力」である場合、入力ミスをチェックする必要があります。今回の例は、性別未入力のチェックなので、性別を提供しなかった方がいるわけで入力ミスではありませんが、身長を170.0と入力するところを17.0と間違えて入力したり、100点満点のテストで100を超える値が入ったりしていないかどうかは、チェックするべきです。

チェックすべき異常値の決め方ですが、身長が何センチ以上だから異常値とか、何センチ以下だから入力ミスであるなどは、一概には決められません。血圧の値でも、びっくりするような高い数値の方はいます。業務として集計を行うのであればプロジェクトがあったり、どのような集計を行うかの指示があったりすることでしょう。先輩やプロジェクトリーダ、上司にデータの精度や集計対象の範囲値を、事前に相談して取り決めておくことが必要です。このような作業を「データクリーニング」といいます。

## POINT

やりたいことをコード化するための発想には、「なんとなく」や「ざっくりと」ではなく、具体的な表現で日本語にし、ステートメントや関数に置き換えることが大切であり、コーディングは、段階的に進めていきます。

# 3-2 条件に合うデータの有無を調べる
―― それ以降探さない

使用ファイル：3-2.xlsm

## 欠損データはあるか

　今度は、「条件に合うデータが何件あるか」ではなく「条件に合うデータはあるかどうか」を調べることにします。例えば、データの中でエラー値や欠損データがあったらそのあとの処理ができないような場合で、処理を行う前にエラー値の有無を調べる場合によく行われる処理です。

　未記入を欠損データとして考えるなら、3-1.xlsmのプログラムで変数nsNoを使って件数を調べたと同じ方法で調べられますよね。

　もちろん、指摘の通りです。nsNo > 0 なら、条件に合うデータがあったことを意味します。ですが、もしデータが52行目までではなく、数万行あったり、チェックする内容が複雑で処理時間が長くなってしまったりするケースだったらどうでしょう。
　また、こんなケースもあります。「BMIを全員算出することが目的で、一人でも算出できない場合は、データの不備としてアナウンスし、処理を中断する」。今回は、このケースで考えてみましょう。

　いいアイディアが浮かびました。先ほどの2行目～52行目までループさせたFor文を二つ用意し、最初のForループは件数を数える。次のループはnsNo = 0のときだけ行うというものです。

　なるほど。思い付きは悪くはありませんし、その通りプログラムを作れば正しく動きます。ですが、もう少しスマートな書き方があります。やってみましょう。

今回使用する検診結果には、性別を全員記入してあります。今回はBMIを算出するので、「身長もしくは体重のデータ未記入がいるかどうかを調べる」という処理にします。

有無を調べる場合は、件数を数える必要はありません。上から順にチェックしていき、「1件見つかったらすぐに処理を終わりにすればいい」という発想をしなければなりません。

プログラムチックに言い換えると「検診結果シートの2行目から52行目までループし、D列の身長データもしくは、E列の体重データがブランクなら、エラーがあったと判断してループを抜ける」となります。

▼図3-2-1 検診結果表

| | A | B | C | D | E |
|---|---|---|---|---|---|
| 1 | No. | 氏名 | 性別 | 身長 | 体重 |
| 2 | 1 | 阿部 叶恵 | 女 | 159.0 | 48.0 |
| 3 | 2 | 阿部 紫々子 | 女 | 148.0 | 50.0 |
| 4 | 3 | 阿部 大地 | 男 | | 72.0 |
| 5 | 4 | 阿部 万柚 | 女 | 160.0 | 55.5 |
| 6 | 5 | 安斎 千里 | 女 | 164.0 | 45.5 |
| 7 | 6 | 篠原 由季 | 女 | 161.5 | 60.0 |
| 8 | 7 | 井上 夏帆 | 女 | 159.0 | 48.0 |
| 9 | 8 | 井戸 宏記 | 男 | 175.5 | 68.5 |
| 10 | 9 | 磯 京香 | 女 | 149.0 | 42.5 |
| 11 | 10 | 一重 巴南 | 女 | 162.0 | 50.5 |
| 12 | 11 | 宇都宮 夢乃 | 女 | | |
| 13 | 12 | 羽田 貫 | 男 | 170.5 | 66.0 |
| 14 | 13 | 鵜飼 憲一 | 男 | 174.0 | 70.0 |
| 15 | 14 | 永田 学 | 男 | 170.0 | 65.0 |
| 16 | 15 | 永橋 純奈 | 女 | 168.0 | 61.0 |
| 17 | 16 | 横井 航來 | 女 | 156.0 | 50.0 |
| 18 | 17 | 岡 潤一 | 男 | 171.0 | 75.0 |
| 19 | 18 | 岡田 沙織 | 女 | 155.0 | 55.0 |
| 20 | 19 | 岡野 千尋 | 女 | 157.5 | 68.0 |
| 21 | 20 | 岡田 早希 | 女 | 164.5 | 70.0 |
| 22 | 21 | 岡本 貴之 | 男 | 166.5 | 64.0 |
| 23 | 22 | 岡部 優花 | 女 | 168.5 | 60.5 |
| 24 | 23 | 岡本 一樹 | 男 | 184.0 | 91.0 |
| 25 | 24 | 沖 知樹 | 男 | 175.0 | 66.0 |
| 26 | 25 | 加藤 沙耶 | 女 | 172.0 | 64.5 |
| 27 | 26 | 河井 彩那 | 女 | 166.5 | 54.0 |
| 28 | 27 | 河内 茉紀 | 女 | 160.0 | 55.5 |
| 29 | 28 | 花田 真 | 男 | 168.0 | 58.0 |
| 30 | 29 | 賀山 竜大 | 男 | 164.0 | 60.0 |
| 31 | 30 | 皆川 匠 | 男 | 168.0 | 62.5 |
| 32 | 31 | 皆川 翔 | 男 | 159.5 | 50.5 |

**数えるのではなくあるかないか判断するだけ、1件見つかったら2件目を探すことなく処理を終える。これが処理時間の無駄をなくすことになります。**

## フラグを有効に使おう

では、どのような判断でループを抜け、そのあと、どのような判断をするのかを見ていきましょう。**有無という2値を扱うには、True、Falseの2値だけを扱えるBoolean型変数が用意されています。**

---

**TIPS**

### 2値を扱うBoolean型変数

「あるか／ないか」は、フラグとして使えるBoolean型変数で、ON／OFF（True／False）で判断させます。

第3章 ……… コーディングの定石を身に付けるための例題≪基本編≫

eDataという変数をBoolean型で用意し、ソースコードを書いてみます。
まずは、有無を調べるだけにし、BMIを算出するのはそのあとにします。

▼ Source Code 3-2-a　ボタンクリックで未記入者の有無を調べる

```
Private Sub CommandButton1_Click()
Dim i As Integer
Dim eData As Boolean
    eData = False
    With Sheets("検診結果")
        For i = 2 To 52
            '身長(D列)、体重(E列)のどちらかがブランクを判断
            If .Cells(i, "D") = "" Or .Cells(i, "E") = "" Then
                eData = True        'フラグを立てる
                Exit For            'もう探すのをやめる
            End If
        Next i
    End With
    If eData = True Then
        MsgBox "BMIが算出できない方がいます。処理を中止しました"
    End If
End Sub
```

　このソースでは、Forループを抜けるパターンは二つあります。一つは、ルー
プカウンタiの値が上限を超えたとき。もう一つは、If条件に当てはまり、Exit
Forで抜けたときです。

　Boolean型の変数を使い、Trueを代入することを「フラグを立てる」といいま
す。ForループをIf条件で抜けたことがわかるようにフラグを立てるわけです。ま
た、変数eDataをBoolean型ではなくInteger型にし、= Falseの代わりに= 0、
= Trueの代わりに = 1として、eDataの値が1かどうかで判断するというのも、
間違いではありません。

　Source Code 3-2-a でForループのあと、フラグの値をIf文で判断していま
すが、「If eData = True Then」ではなく「If eData Then」と書くことができます。

80

If関数の条件式(論理式)は、成立すればTrue(真)、成立しなければFalse(偽)になるので、Boolean型の値をそのまま利用するわけです。

フラグを立てず(変数を使わず)に、次のように書くのはどうでしょうか。赤線で囲んだIf文の中でMsgboxを使い、次の処理でExit Forをしています。

▼ Source Code 3-2-b　変数を使わずにエラーがあったら処理を中止する
```
Private Sub CommandButton1_Click()
Dim i As Integer
    With Sheets("検診結果")
        For i = 2 To 52
            If .Cells(i, "D") = "" Or .Cells(i, "E") = "" Then
                MsgBox "BMIが算出できない方がいます。処理を中止しました"
                Exit For
            End If
        Next i
    End With
End Sub
```

このソースまでの処理でしたら、Source Code 3-2-bの書き方も間違いではありませんが、そのあと、BMIを算出して書き出すという処理が続きます。それではエラーデータがあった場合、メッセージを出して、本来行わないはずのBMIを算出する処理をしてしまいます。

それなら、Exit Forではなく、Exit Subにして、このプロシージャを抜ければいいんですね。

確かに、それも間違いではありません。が、**Forループの中でExit SubやExit Functionをするのは避けて下さい。また、ForループをGoToで抜けるのは、もっての外です。**

第 **3** 章 ‥‥‥‥‥ コーディングの定石を身に付けるための例題≪基本編≫

---

**TIPS**

## Forループの中ではExit SubやExit Functionを使わない

　Forループの中でExit Subを使わない理由としては、プロシージャを抜ける箇所は、なるべく1か所にまとめることが望ましく、複雑なソースコードになると可読性が下がるからです。Gotoを使ってはいけないのは、可読性が下がるだけでなく、Gotoを多用することで、実行結果が不安定になる可能性もあるからです。

---

　Source Code 3-2-aに処理を足して、BMIをF列に書き出してみます。

　なお、実行する際には、身長と体重のデータを入力してから行って下さい。

▼ **Source Code 3-2-c　全員のBMIを算出する**　　　　　　　　　　　`3-2.xlsm`

```vb
Private Sub CommandButton1_Click()
Dim i As Integer
Dim eData As Boolean
Dim ecHeight As Double                       '身長を入れる変数
Dim ecWeight As Double                       '体重を入れる変数
    eData = False
    With Sheets("検診結果")
        For i = 2 To 52
            If .Cells(i, "D") = "" Or .Cells(i, "E") = "" Then
                eData = True
                Exit For
            End If
        Next i
    End With
    'フラグがONでループを抜けた
    If eData = True Then
        MsgBox "BMIが算出できない方がいます。処理を中止しました"
        Exit Sub            'このプロシージャを抜ける
    End If
    With Sheets("検診結果")
        For i = 2 To 52
            ecHeight = .Cells(i, "D") / 100 '身長をメートルに変換
            ecWeight = .Cells(i, "E")                '体重
            'BMI = 体重(kg) ÷( 身長(m) x身長(m))
            .Cells(i, "F") = ecWeight / (ecHeight * ecHeight)
```

82

```
        Next i
    End With
End Sub
```

BMIの計算式は、ソースコードのコメントを見て頂くとわかりますが、
体重(kg) ÷ ( 身長(m) x 身長(m) ) で求められます。

---

### POINT

　今回の例題は「データの有無を調べる」というもので、調べるデータは「エ
ラーデータ」でした。

　エラーデータを見つけることと、エラーデータが見つかった時点で、その
あとの処理が大きく変わるので、見つかった場合は正しい処理をさせること
をプログラム化しました。その「見つかった場合の正しい処理」とは、「それ以
降探さない」と「メッセージを出して処理を全て終わる」です。

　Forループを強制的に抜ける方法や、メッセージを出しプログラムを抜け
る(終了させる)タイミングを理解して下さい。

# 3-3

使用ファイル：3-3.xlsm

## 条件に合うデータを合計する
──If文が成立したら足す

## 平均身長を求めるにはどう考えればいいか

今回の例題では、男女別に平均身長を求めてみましょう。

図3-3-1のように、集計シートに結果を書き込む欄を用意します。使用するデータは3-3.xlsmを使用します（性別不明者あり）。

これまで学んだことから、どんな発想をすればいいでしょうか。

▼図3-3-1　結果記入

|   | A | B |
|---|---|---|
| 1 | 平均身長 |  |
| 2 | 男性 |  |
| 3 | 女性 |  |

身長の平均ということは、身長を全員分合計して人数で割ればいいので、『検診結果のデータの最初から最後までをみて、性別ごと身長の合計と人数を数えて割る』ですね。

その通りですが、まだまだざっくりとした表現ですね。必要な変数を用いて、プログラムチックに、具体的に表現すると、次のようになります。

「男性の人数を数えるcntM、女性の人数を数えるcntFをそれぞれInteger型で用意、男女の身長を足していくheigtMとheightFをDouble型で用意。検診結果シートの2行目から52行目までループしながら、性別のC列が『男』で身長のデータがある場合は、cntMをカウントアップし、heightMをその値分増やす。性別が女性の場合は、cntFとheightFも同様の処理をする。ループが終わったら集計シートに演算結果を書き出す」

性別を = "男" でチェックするので、性別がブランクの場合、そのIf文は成立せず、わざわざ「性別がブランクだったら」という判断は不要ですね。

## 特定の項目を合計する発想

3-1や3-2では、件数を数えたり、有無を調べたりするだけでしたが、今回は、「男性（女性）の身長の合計を、男性（女性）の人数で割る」ということになりますので、性別ごとの身長の合計を求めなければなりません。

特定の条件のデータを合計する場合、データの中から「条件に合うものだけを抽出」する感覚が先にあると、プログラム化するイメージが湧きにくくなります。**「全データをループで見ながら、必要な条件判断のIf文が成立したときに値を増やして（足す）いく」というのが基本的な考え方であり、発想の源です。**

では、ここまでのことをコーディングしてみましょう。段階的に作成していくので、まずは男性だけの人数と身長の合計を算出し、Debug.Printで表示するだけにしておきます。

▼ Source Code 3-3-a　男性の人数と男性の身長の合計まで

```vb
Private Sub CommandButton1_Click()
Dim i As Integer
Dim cntM As Integer
Dim cntF As Integer
Dim heightM As Double
Dim heightF As Double
    cntM = 0
    cntF = 0
    heightM = 0#
    heightF = 0#
    With Sheets("検診結果")
        For i = 2 To 52
            '男性で身長データあり
            If .Cells(i, "C") = "男" And .Cells(i, "D") <> "" Then
                cntM = cntM + 1                    '人数をカウント
                heightM = heightM + .Cells(i, "D")  '身長を加算
            End If
        Next i
    End With
```

```
    Debug.Print cntM, heightM
End Sub
```

イミディエイトウィンドウには、図3-3-2のように、cntMは22、heightMは3766.5と出ました。

▼図3-3-2 結果

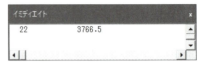

確認方法としては、検診シートに
=COUNTIFS(C:C," 男 ",D:D,">0") で cntM、=SUMIFS(D:D,C:C," 男 ") で heightMの値が求められます。

---

**TIPS**

**0#**

heightMとheightFの初期化で = 0# となっていますが、これは、Double型の変数に0.0を代入すると、0# になるというVBAの仕様ですので、「そういうものだ」として、覚えておいて下さい。

---

## 条件判断を増やして、女性データの処理

Source Code 3-3-aの条件判断は男性に対するものなので、If文の箇所をSource Code 3-3-bのように女性の人数、身長の合計を求められるように追加し、Debug.Printにも cntFとheightFについて出力してみます。

▼ **Source Code 3-3-b　If文の変更箇所**

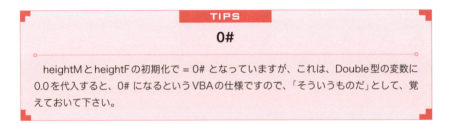

▼ Source Code 3-3-c　Debug.Printの追加
```
Debug.Print cntM, heightM
Debug.Print cntF, heightF
```

結果は、**図3-3-3**のようになりました。有効なデータの女性の人数と合計身長も正しく取得できました。

▼図3-3-3　結果

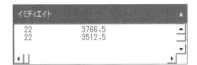

最後にDebug.Printの箇所を、シートに書き込むように修正して、ソースコードの仕上げになります。

▼ Source Code 3-3-d　性別ごとの平均身長を求める
```
Private Sub CommandButton1_Click()
Dim i As Integer
Dim cntM As Integer
Dim cntF As Integer
Dim heightM As Double
Dim heightF As Double
    cntM = 0
    cntF = 0
    heightM = 0#
    heightF = 0#
    With Sheets("検診結果")
        For i = 2 To 52
            If .Cells(i, "C") = "男" And .Cells(i, "D") <> "" Then
                cntM = cntM + 1
                heightM = heightM + .Cells(i, "D")
            ElseIf .Cells(i, "C") = "女" And .Cells(i, "D") <> "" Then
                cntF = cntF + 1
                heightF = heightF + .Cells(i, "D")
            End If
        Next i
    End With
    '結果を表示
    Range("B2") = heightM / cntM
    Range("B3") = heightF / cntF
End Sub
```

これで、男性と女性それぞれの平均身長が求められ、シートに書かれました。セルのB2とB3は、書式設定で小数点第一位まで表示するようにしてあります。

有効なデータだけを数えたり、値を足したりする処理をイメージにすると、このようになります。

▼図3-3-4 全データを順にみて、データを数える、値を増やす

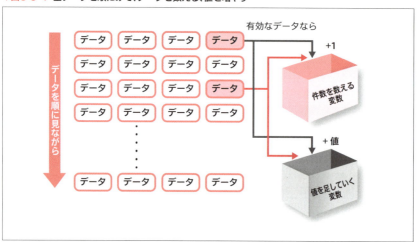

---

### TIPS
### 関数以外での結果検証

　Excelは、関数というとても便利な機能がありますので、プログラム結果を検証するのが容易です。ですが、もし関数では検証できないときはどうすればいいでしょうか。どうしてもいい検証方法が思い付かない場合は、電卓で計算するしかありません。が、それでは件数が大量なときに大変ですし、電卓の打ち間違いもあり得ますので、現実的ではありません。

　答えの一つとしては、「極端なデータ」で検証するという方法があります。

　全員の身長が170.0cmなら、平均は170.0になりますし、100.0cmと180.0cmを半数ずつにすれば、140.0が平均になります。

条件に合うデータを合計する──If文が成立したら足す **3-3**

---

注 意

## ゼロ割を考慮する

Source Code 3-3-dで、無条件で「Range("B2") = heightM / cntM」「Range("B3") = heightF / cntF」と行っていますが、cntMやcntFが0だったらという配慮が必要になることもあります。

今回の例題では、検診結果票を一瞬見ただけで、身長が入力されている男性や女性が0件ではないことがわかります。ですが、同様の処理を、外部ファイルのデータを読み込んで行うなどの場合、事前にデータがあるかどうかはわからないこともあります。「絶対に0件はない」が保障されている以外は、「割る数」が0かどうかを判断しないと、「ゼロで除算」いわゆる「ゼロ割」という現象になってしまい、プログラムが落ちてとても残念な結果となってしまいます。

---

平均身長を書き出している箇所を、次のように修正しました。

▼ **Source Code 3-3-e　ゼロ割を考慮**　　　　　　　　　　　　`3-3.xlsm`

```
'平均身長を求める対象の男性が0人ではない場合に演算させる
If cntM > 0 Then
    Range("B2") = heightM / cntM
'平均身長を求める対象の男性が0人の場合
Else
    Range("B2") = ""
End If
If cntF > 0 Then
    Range("B3") = heightF / cntF
Else
    Range("B3") = ""
End If
```

なお、cntM、cntFそれぞれで、Elseのときに = "" としているのは、前の結果が残っていることを考慮し、データを消す意味があります。

89

第 **3** 章 ············ コーディングの定石を身に付けるための例題≪基本編≫

---

**POINT**

　条件に合う「データ数を数える」と「合計を求める」は、それぞれの変数を用意し、「＋1」でデータ数を数え、「＋値」で合計を求めていくと考えます。

　別の言い方をするなら、「データ数を数える場合は1ずつ増加、合計を求めるなら、値分増加させる」です。

使用ファイル：3-4.xlsm

# 最大値/最小値を取得する
―― 暫定値を使う

　今回は、男女別に最も身長の高い人、低い人を調べることにしましょう。このような「ある項目についての最大値や最小値を求める」という処理は、よく使われるロジックです。

　使用するデータは、**図3-4-1**の通り、今まで使用している検診結果です。データは2行目から52行目までであり、集計シートに、**図3-4-2**のように結果を表示させます。

▼図3-4-1　検診結果表

| | No. | 氏名 | 性別 | 身長 | 体重 |
|---|---|---|---|---|---|
| 2 | 1 | 阿部 叶恵 | 女 | 159.0 | 48.0 |
| 3 | 2 | 阿部 菜々子 | 女 | 148.0 | 50.0 |
| 4 | 3 | 阿部 大地 | 男 | | 72.0 |
| 5 | 4 | 阿部 万袖 | 女 | 160.0 | 55.5 |
| 6 | 5 | 安斎 千里 | 女 | 164.0 | 45.5 |
| 7 | 6 | 篠原 由季 | 女 | 161.5 | 48.5 |
| 8 | 7 | 井上 真帆 | 女 | 159.0 | 48.0 |
| 9 | 8 | 井戸 宏記 | 男 | 175.5 | 68.5 |
| 10 | 9 | 磯 京香 | 女 | 149.0 | 42.5 |
| 11 | 10 | 一重 巴南 | 女 | 162.0 | 50.5 |
| 12 | 11 | 宇都宮 夢乃 | 女 | | |
| 13 | 12 | 羽田 貴 | | 170.5 | 66.0 |
| 14 | 13 | 鵜飼 憲一 | 男 | 174.0 | 70.0 |
| 15 | 14 | 永田 学 | 男 | 170.0 | 65.0 |
| 16 | 15 | 永橋 純奈 | 女 | 168.0 | 61.0 |
| 17 | 16 | 横井 航來 | 女 | 156.0 | 50.0 |
| 18 | 17 | 岡 潤一 | 男 | 171.0 | 75.0 |
| 19 | 18 | 岡田 沙織 | 女 | 155.0 | 55.0 |
| 20 | 19 | 岡野 千尋 | 女 | 157.5 | 68.0 |
| 21 | 20 | 岡田 早希 | 女 | 164.5 | 70.0 |
| 22 | 21 | 岡本 貴之 | 男 | 166.5 | 64.0 |
| 23 | 22 | 岡部 優花 | 女 | 168.5 | 60.5 |
| 24 | 23 | 岡本 一樹 | 男 | 184.0 | 91.0 |
| 25 | 24 | 沖 知樹 | 男 | 175.0 | 66.0 |
| 26 | 25 | 加藤 沙耶 | 女 | 172.0 | 64.5 |

▼図3-4-2　結果記入

| | A | B | C | D | E | F | G |
|---|---|---|---|---|---|---|---|
| 1 | 最も身長の高い人 | | | | 最も身長の低い人 | | |
| 2 | 性別 | 氏名 | 身長 | | 性別 | 氏名 | 身長 |
| 3 | 男性 | | | | 男性 | | |
| 4 | 女性 | | | | 女性 | | |

　プログラムの実行結果は、「一番身長が高いのは誰で何センチ」か、「一番低いのは誰で何センチ」かを男女別に求めますので、8つの結果を表示することになります。

　求める結果が多いので、段階的にコーディングしていきましょう。どんな順でコーディングしていけばいいと思いますか。

まずは、「男性で一番背の高い人が誰で、何センチか」を見つけることにします。それができれば、女性で一番背の高い人や、男女で一番背の低い人も、同じような処理で探せると思います。

　その通りです。では、男性で最も背の高い人を探しだす処理を、プログラム化できる日本語で表現してみて下さい。

2行目から52行目までをみて、C列が＝"男"で、えと…、その先はどう考えれば、一番背の高い人、つまりD列で最も大きな値はどれかを判断できるのでしょう。

## 暫定値という考え方

では、健診結果表のデータを目で見て「男性で一番背が高いのは、誰で何センチか」を教えて下さい。

それならわかります。えーと、46行目の185.0cmの吉村 弘貴さんです。

それはどうやって見つけましたか？ 詳しく説明して下さい。

上から順に男性の行だけに注目し、4行目のデータは男性だけど身長の記入がないから飛ばして、9行目の175.5が最初の男性の身長データで、次は14行目の174.0が男性だけど、9行目の175.5より高くないので飛ばして、同じように15行目、18行目、22行目も飛ばし、24行目の184.0が175.5を超えたので、今度は184.0を比較対象にし…と見て行ったら、最後に残ったのが、46行目の185.0でした。

では、その内容を図3-4-3のようにしてみました。注目した行とは対象データのことで「男性で身長の記入がある

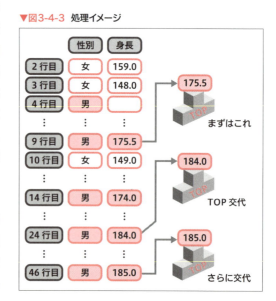
▼図3-4-3 処理イメージ

データ」になります。

まずは、**最初の対象データを暫定トップとし、以降、身長が暫定トップを超え****たら、それが暫定トップになる、という手順を最後まで繰り返していきます。**

「一番大きな値を判断する」ではなく、「データの中で一番大きな値を探しだす」と考えれば、より具体的にプログラム化のイメージが湧くのではないでしょうか。

---

**TIPS**

### アルゴリズム

問題を解いたり、解決したりする手順を定式化したものを、アルゴリズムといいます。

今回の、「最大値を探すためにデータを順にみていき、その時点での最大値を暫定最大値とし、最後の暫定最大値が、求める最大値になる」という考え方は、ポピュラーなアルゴリズムです。

こういったアルゴリズムを知っておくことも、「やりたいことをプログラム化する」ための発想の支え、発想の引き出しになります。

---

## 初期値をどう設定するかを考える

コーディングするにあたって、男性の身長の最大値を入れる変数をhtMとします。htMに最初に入れる暫定値は、最初の対象データですが、その考え方だと「htMに最初に入れる暫定値」の処理と、2回目以降の「暫定値を入れ替える」処理とが、別のロジックになってしまいます。そこで、htMの初期値を「最初の対象データで必ず入れ替えられる値」にしておけば、それ以降の暫定値を入れ替える処理と同じ処理で済みます。そこで、htMの初期値は「0」にします。

**最大値を探す場合には、「最初の対象データで必ず入れ替えられる小さい値」を****初期値にしておく**ことも、この「最大値を見つけるアルゴリズム」に含まれる要素です。

では、男性の最も背の高い身長が何センチなのかまでをコーディングしてみます。

93

第 **3** 章 ……… コーディングの定石を身に付けるための例題《基本編》

▼ Source Code 3-4-a　男性の身長の最大値まで

```
Private Sub CommandButton1_Click()
Dim i As Integer
Dim htM As Double
    htM = 0#        '暫定値の初期値
    With Sheets("検診結果")
        For i = 2 To 52
            '男性で暫定値を超える身長だったら
            If .Cells(i, "C") = "男" And .Cells(i, "D") > htM Then
                htM = .Cells(i, "D")                    '暫定値を入れ替え
            End If
        Next i
    End With
    Range("C3") = htM
End Sub
```

Source Code 3-4-aを実行した結果が、**図3-4-4**です。

▼図3-4-4　結果

| | A | B | C | D | E | F | G |
|---|---|---|---|---|---|---|---|
| 1 | | 最も身長の高い人 | | | | 最も身長の低い人 | |
| 2 | 性別 | 氏名 | 身長 | | 性別 | 氏名 | 身長 |
| 3 | 男性 | | 185.0 | | 男性 | | |
| 4 | 女性 | | | | 女性 | | |

　htMの値を入れ替えるIf文で、該当者の氏名を取得すれば「誰が」というのもわかります。

　nameMという変数を用意し、If文の中に次のステップを追加します。

**nameM = .Cells(i, "B")**

さらに、結果を表示させるために、次のステップも追加します。

**Range("B3") = nameM**

では、続いて男性で一番背の低い人を探してみましょう。どうすればいいでしょうか。

94

男性で一番低い身長を入れる変数を用意し、初期値としての暫定値は、最初に必ず入れ替えられる大きな値にしておきます。

その通りです。では、その通りにコーディングしてみましょう。

▼ Source Code 3-4-b　男性の身長の最大値、最小値まで

```
Private Sub CommandButton1_Click()
Dim i As Integer
Dim htM As Double
Dim ltM As Double
Dim nameM As String
Dim nameM2 As String
    htM = 0#
    ltM = 300#
    With Sheets("検診結果")
        For i = 2 To 52
            '最も背の高い男性を判断
            If .Cells(i, "C") = "男" And .Cells(i, "D") > htM Then
                htM = .Cells(i, "D")
                nameM = .Cells(i, "B")
            End If
            '最も背の低い男性を判断
            If .Cells(i, "C") = "男" And .Cells(i, "D") <> "" And .Cells(i, "D") < ltM Then
                ltM = .Cells(i, "D")
                nameM2 = .Cells(i, "B")
            End If
        Next i
    End With
    Range("B3") = nameM
    Range("C3") = htM
    Range("F3") = nameM2
    Range("G3") = ltM
End Sub
```

▼図3-4-5 結果

| | A | B | C | D | E | F | G |
|---|---|---|---|---|---|---|---|
| 1 | 最も身長の高い人 ||| | 最も身長の低い人 |||
| 2 | 性別 | 氏名 | 身長 | | 性別 | 氏名 | 身長 |
| 3 | 男性 | 吉村 弘貴 | 185.0 | | 男性 | 皆川 翔 | 159.5 |
| 4 | 女性 | | | | 女性 | | |

実行すると、**図3-4-5**のようになりました。

　ここで、注意して頂きたいのは、「最も背の低い男性を判断」するIf文が、背の高い人を判断するIf文と違って、「.Cells(i, "D") <> ""」という条件が加えられていることです。**この条件がないと、ブランクデータが「最も小さい値」になってしまいます。**

> **TIPS**
>
> ### ブランクデータと数値を比較すると、ブランクデータは0扱い
>
> 　VBAの特徴として、ブランクのセルの値は、数値と比較したり、Integer型に入れたりすると0として扱われます。Excelでブランクのセルを参照すると、0が表示されるのと同じです。ただし、Integer型で宣言した変数に、= "" のようにブランクを代入したり、比較させたりするとエラーになります。

あとは、「女性で最も背の高い人」「女性で最も背の低い人」を、男性と同じようにコーディングすれば完成ですね。

　男性と女性それぞれで、最も背の高い人、最も背の低い人を求めるコードが次のようになり、実行結果は、**図3-4-6**のようになります。

▼ **Source Code 3-4-c**　　　　　　　　　　　　　　　　　　　　　3-4.xlsm

```
Private Sub CommandButton1_Click()
Dim i As Integer
Dim htM As Double, ltM As Double          '男性身長　高と低
Dim htF As Double, ltF As Double          '女性身長　高と低
Dim nameM As String, nameM2 As String     '男性氏名　高と低
```

最大値/最小値を取得する——暫定値を使う **3-4**

```
Dim nameF As String, nameF2 As String    '女性氏名　高と低
    '各変数の初期値
    htM = 0#:   ltM = 300#
    htF = 0#:   ltF = 300#
    nameM = "": nameM2 = ""
    nameF = "": nameF2 = ""
    With Sheets("検診結果")
        For i = 2 To 52
            '最も背の高い男性を判断
            If .Cells(i, "C") = "男" And .Cells(i, "D") > htM Then
                htM = .Cells(i, "D")
                nameM = .Cells(i, "B")
            End If
            '最も背の低い男性を判断
            If .Cells(i, "C") = "男" And .Cells(i, "D") <> "" And .
                                            ➡Cells(i, "D") < ltM Then
                ltM = .Cells(i, "D")
                nameM2 = .Cells(i, "B")
            End If
            '最も背の高い女性を判断
            If .Cells(i, "C") = "女" And .Cells(i, "D") > htF Then
                htF = .Cells(i, "D")
                nameF = .Cells(i, "B")
            End If
            '最も背の低い女性を判断
            If .Cells(i, "C") = "女" And .Cells(i, "D") <> "" And .Cells
                                            ➡(i, "D") < ltF Then
                ltF = .Cells(i, "D")
                nameF2 = .Cells(i, "B")
            End If
        Next i
    End With
    '結果表示　男性　高
    Range("B3") = nameM
    Range("C3") = htM
    '結果表示　男性　低
    Range("F3") = nameM2
    Range("G3") = ltM
```

第 **3** 章　　コーディングの定石を身に付けるための例題≪基本編≫

```
    '結果表示　女性　高
    Range("B4") = nameF
    Range("C4") = htF
    '結果表示　女性　低
    Range("F4") = nameF2
    Range("G4") = ltF
End Sub
```

▼図3-4-6 **結果**

| | A | B | C | D | E | F | G |
|---|---|---|---|---|---|---|---|
| 1 | | 最も身長の高い人 | | | | 最も身長の低い人 | |
| 2 | 性別 | 氏名 | 身長 | | 性別 | 氏名 | 身長 |
| 3 | 男性 | 吉村 弘貴 | 185.0 | | 男性 | 皆川 翔 | 159.5 |
| 4 | 女性 | 加藤 沙耶 | 172.0 | | 女性 | 阿部 菜々子 | 148.0 |

　結果が表示されました。

　ただし、Source Code 3-4-cは、「一人も身長データがない」場合を考慮していません。身長データを全て消して実行すると、氏名はブランク、身長はそれぞれの暫定値の初期値がそのまま表示されてしまいます。

## ユーザーインターフェースと運用

　「最も背の高い人」を探すようなプログラムを作成する場合、「身長データが0件だったら」を、必ず考慮しなければならないのでしょうか。

　その答えは「このプログラムを、誰がどのように使うか」によります。

　実行結果として、氏名には何も表示されず、身長が0.0と表示された場合、特定の担当者が、表示内容からデータの不備を把握できるなら、このままでもいいでしょう。

　一方、クライアントに提供するプログラムの場合など、不特定多数の利用が想定されるケースでは、氏名に何も表示されず、身長が0.0という結果を利用者が見たら、「プログラムが正しく動かない」と判断されてしまうかもしれません。

　**プログラムが、どのように使われるのかを考慮した結果表示を考えて、プログラムを作成するようにしましょう。**

98

ちなみに、Source Code 3-4-c に、「身長データが0件だったら何も表示しない」とするためには、それぞれの実行結果を表示しているステップに、「身長データの変数が初期値のままかどうか」の条件判断を入れることで可能になります。

---

**注 意**

## 同点をケアする

　最大値／最小値を見つけるアルゴリズムの基本は、これで完成です。が、今回は最大値だけでなく、氏名も取得し表示しています。ということは、最も背の高い男性や女性が複数いる可能性があります。その場合は、どうすればいいのでしょうか。

　3-5で詳しく解説していきます。

---

**POINT**

　最大値を探す場合、全データの中で「一番大きい値を探す」というロジックになります。暫定値を都度入れ替えていくことで、最終的に暫定値が求める値になるわけです。暫定値の初期値は、最初の対象データで「必ず入れ替えられる値」とします。

# 3-5

使用ファイル：3-5.xlsm

## 最大値/最小値を取得する・同点あり
——他の方法も考える

　3-4で、最大値／最小値を求めるアルゴリズムを紹介しました。求める最大値は身長なので、一人とは限りません。
　この章では、最も背の高い人が複数いる可能性のある処理を学んでいきましょう。なお、使用するデータは3-4と同じですが、ソースコード簡素化のために、「最も背の高い男性」だけに絞って解説していきます。

　実行結果は、**図3-5-1**のような内容で、最も背の高い人が複数いた場合、氏名欄には「○○○○　他2名」のように、誰か1人の名前と、同じ身長の人数を記すことにします。

▼図3-5-1　結果記入

| | A | B | C |
|---|---|---|---|
| 1 | 最も身長の高い人 | | |
| 2 | 性別 | 氏名 | 身長 |
| 3 | 男性 | | |

## 他のやり方がないかと考えることが発想の引き出しを増やす

　では、どのような発想をすればいいでしょうか。

3-4のコードと同じように、まずは、男性で最も背の高い人の氏名と身長を求めます。その次に新たにループを使って、最大身長と同じ人をカウントし、1件か2件以上かで、氏名への表示を変えます。

　良い方法ですね。他には何か思い付きますか？

他の方法ですか？　そうですね…　きっと、男女それぞれで最も背の高い人を、暫定値を使って探していくループの中で、件数も数えていく方法だと思います。

具体的に、どこでどんな処理になるでしょうか。

人数を数えるカウンタ用の変数を用意し、「身長の値 > 暫定値」のときにカウンタに0、それ以外のときに「身長の値 = 暫定値」を判断し、カウンタの値を増やすという処理です。

では、まずは最初のパターンを書いてみましょう。

最初のForループは、3-4と同様に男性の最も背の高い人を求める処理で、次のForループで、最高身長のhtMと同じ人が何人いるかをカウントしています。

▼ Source Code 3-5-a　　　　　　　　　　　　　　　3-5.xlsm

```
Private Sub CommandButton1_Click()
Dim i As Integer
Dim htM As Double    '男性身長
Dim nameM As String  '男性氏名
Dim cntM As Integer  '暫定値と同じ身長の人数
    '各変数の初期値
    htM = 0#
    nameM = ""
    With Sheets("検診結果")
        For i = 2 To 52
            '最も背の高い男性を判断
            If .Cells(i, "C") = "男" And .Cells(i, "D") > htM Then
                htM = .Cells(i, "D")
                nameM = .Cells(i, "B")
                cntM = 1
            End If
        Next i
        cntM = 0
        '暫定値と同じ身長の人を数えるループ
        For i = 2 To 52
            '暫定値と同じ身長の人
            If .Cells(i, "C") = "男" And .Cells(i, "D") = htM Then
                cntM = cntM + 1
            End If
        Next i
```

第 **3** 章 ......... コーディングの定石を身に付けるための例題≪基本編≫

```
    End With
    '氏名に　他○名追加
    If cntM > 1 Then
        nameM = nameM & " 他" & cntM - 1 & "名"
    End If
    '男性　高
    Range("B3") = nameM
    Range("C3") = htM
End Sub
```

---

### 注 意
## 文字列の結合は「&」

　最高身長と同じ人数を数え、cntMが1を超えていたら、同じ身長が複数人いることになるので、氏名のあとに「　他○人」を付加するために、文字列の結合を行っています。

---

　では、もう一つのやり方として、Forループを二つにせずに、暫定値を入れ替えながら、同じ身長の人数も数えていく方法を紹介します。

▼ Source Code 3-5-b　　　　　　　　　　　　　　　　　　　3-5.xlsm

```
Private Sub CommandButton2_Click()
Dim i As Integer
Dim htM As Double    '男性身長
Dim nameM As String  '男性氏名
Dim cntM As Integer '暫定値と同じ身長の人数

    '各変数の初期値
    htM = 0#
    nameM = ""
    With Sheets("検診結果")
        For i = 2 To 52
            '最も背の高い男性を判断
            If .Cells(i, "C") = "男" And .Cells(i, "D") > htM Then
                htM = .Cells(i, "D")
                nameM = .Cells(i, "B")
                cntM = 1
```

102

```
                '暫定値と同じ身長の人
            ElseIf .Cells(i, "C") = "男" And .Cells(i, "D") = htM Then
                cntM = cntM + 1
            End If
        Next i
    End With
    If cntM > 1 Then
        nameM = nameM & " 他" & cntM - 1 & "名"
    End If
    '男性　高
    Range("B3") = nameM
    Range("C3") = htM
End Sub
```

　Source Code 3-5-aもSource Code 3-5-bでも、結果は同じになります。
暫定値を入れ替えたときに、cntM = 0 をしていることに注意して下さい。
　テストとして、48行目のデータに、最高身長である185.0を入力して行いま
した。


　なお、テストをする際、「同身長なし」、「女性に
男性の最高身長と同じ値を設定」、「男性複数人に
同身長を設定」など、さまざまなパターンで行い、
それぞれで正しい結果になるかを確認する必要が
あります。

▼図3-5-2　結果

| | A | B | C |
|---|---|---|---|
| 1 | 最も身長の高い人 | | |
| 2 | 性別 | 氏名 | 身長 |
| 3 | 男性 | 吉村 弘貴 他1名 | 185.0 |


　最高身長が何人いるかを求めるプログラムを、二つ紹介しました。
　「結果が合っていればどちらの方法でもいい」では、少し乱暴な言い方かもしれま
せんが、**答えを導きだす正解は、一つではないということも知っておいて下さい。**

第 **3** 章 ········ コーディングの定石を身に付けるための例題≪基本編≫

---

**注　意**

## 連続する「If〜End If」と「If〜ElseIf〜End If」の使い分けは注意深く！

　Source Code 3-5-bの「暫定値と同じ身長の人」のIf文が、その前のIf文のElse Ifになっています。もし、Else IfではなくIf文にして前のIf文と同列にすると、前のIf文が成立したときには、こちらのIf文も必ず成立し、cntMの値は+1してしまい、誤った結果となります。

---

**POINT**

　一つの結果を求めるためには、いくつもの方法があるということを知り、「別の方法はないか」と、考える習慣を身に付けることで、発想の引き出しを増やすだけでなく「プログラム化スキル」も向上します。

　最大値を持つデータが複数あるとき、「最大値を探すループと、それがいくつあるかを数えるループに分ける方法」と、「1回のループの中の処理を増やし、最大値を探しながら数える方法」と2通りあります。どちらも発想とコーディングができるようになりましょう。

使用ファイル：3-6.xlsm

# 最大値/最小値を取得する・Excel Ver.
―― Excelの特徴を使う

　3-4で紹介した、最大値／最小値を求めるアルゴリズムは、別の開発言語や、データがExcelのシートからデータベースになっても通用する方法です。プログラミングで使われる代表的なアルゴリズムとは、そういうものです。

　一方、VBAでこのアルゴリズムを使うときには、もうひとひねりした発想でプログラムを作成することもできます。Excelの特徴を有効的に使う方法です。どんなことが思い付くでしょうか。

　3-4から続く例題では、性別や身長の最大値といった条件に該当するデータを「暫定値」として保持し、該当するデータが現れるたびに暫定値を入れ替え、同じときに、該当する人の氏名を変数に代入しています。

　つまり、取得するデータは「氏名」と「身長」だけの2項目だけです。もしこれが、10項目や20項目を取得しなければならないとしたらどうでしょう。項目数分の変数を用意し、暫定値を入れ替えるたびに、全項目の変数に値を代入することになります。ちょっと無駄がありそうですし、コーディングするときに「もっといい方法はないかな」と思うことでしょう。

## 該当する行番号だけを取得し、結果表示するときに利用する

　全体的なロジックは、3-4.xlsmと同じです。
　暫定値を入れ替えたとき、**そのデータの行番号を変数lineNoに入れていきます**。ループが終わったとき、lineNoの値が「最も背の高い人」のデータ行ということになります。
　なお、ソースコード簡素化のために、同じ身長は考慮せずにコーディングすることとします。

第 **3** 章 ──── コーディングの定石を身に付けるための例題≪基本編≫

結果表示は、**図3-6-1**のように項目を増やしました。男女分けずに、一番背の高い人のデータを表示することにします。

**▼図3-6-1 結果表示**

| | A | B | C | D |
|---|---|---|---|---|
| 1 | 最も身長の高い人 | | | |
| 2 | 性別 | 氏名 | 身長 | 体重 |
| 3 | | | | |

**▼ Source Code 3-6-a 最も背の高い人の行番号を取得**　　`3-6.xlsm`

```vba
Private Sub CommandButton1_Click()
Dim i As Integer
Dim proValue As Double    '最高身長
Dim lineNo As Integer     '該当行
    '各変数の初期値
    proValue = 0#
    With Sheets("検診結果")
        For i = 2 To 52
            '最も背の高い人を判断
            If .Cells(i, "D") > proValue Then
                proValue = .Cells(i, "D")
                lineNo = i
            End If
        Next i
        '結果表示
        Range("A3") = .Cells(lineNo, "C")
        Range("B3") = .Cells(lineNo, "B")
        Range("C3") = .Cells(lineNo, "D")
        Range("D3") = .Cells(lineNo, "E")
    End With
End Sub
```

結果は、**図3-6-2**のように、正しく取得できました。

**▼図3-6-2 結果**

| | A | B | C | D |
|---|---|---|---|---|
| 1 | 最も身長の高い人 | | | |
| 2 | 性別 | 氏名 | 身長 | 体重 |
| 3 | 男 | 吉村 弘貴 | 185.0 | 75.0 |

最大値/最小値を取得する・Excel Ver.——Excelの特徴を使う **3-6**

---

### 注 意

## 対象データの行番号を取得

lineNo = i で、変数lineNoには現在の行番号が入ります。ループカウンタのiが行番号でループするからです。「lineNo = i」を「lineNo = .Cells(i, "D").Row」としても間違いではありませんが、わざわざセルのプロパティを参照するのは、スマートとは言えません。

---

### POINT

Excelの「行番号」や「列番号」を有効に使うと、発想の幅が広がります。

# 3-7 外側から作るか内側から作るか

使用ファイル:3-7.xlsm

## 外側から作るか、内側から作るか

　ここまでの例題プログラムで、やりたいことをプログラム化するには、プログラム化する内容を、わかりやすくかつ、具体的に日本語で表現することと、段階的にコーディングすることを、説明してきました。

　3-1では、性別不明者を数えるために「検診結果シートの2行目から52行目までをみて、C列がブランクかどうかを判断し、ブランクならカウントアップしていく」という表現をすること、そして、まず2行目～52行目までのループだけをコーディングしました。
　このときのプログラムは、表現した通りに作成したので、まず全体のループを作成し、ループの中では、各行で何をするかを追加して作り上げました。つまり、外側から作ったわけです。

　Excelの関数でIF関数の中にIF関数を入れ子にする場合、まずIF関数を一つだけ完成させ、真のときもしくは偽のときの値に、IF関数を追加設定するということがあります。(**図3-7-1**)

▼図3-7-1　内側にIF関数追加

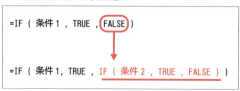

または、逆の作り方として、まずIF関数を作り、その外側にIF関数を追加し、最初のIF関数全体を、外側のIF関数の真のときもしくは偽のときの値にすることもあります。（図3-7-2）

▼図3-7-2　外側にIF関数追加

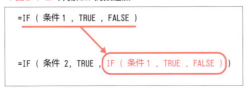

　**プログラムを作るときの段階的コーディングも同じように、外側つまり全体的な部分から作る方法と、内側の詳細な処理から作る方法があります。**

　これは、どちらの作り方がいいとかではなく、そのプログラムを作るときに、自身のスキルや作りやすさを考慮した上でのことになりますので、どのようにコーディングしていくかは、ケースバイケースになるでしょう。

　また、完成したプログラムに処理を追加することもあります。そのときにも、今できているロジックの中に処理を追加する場合と、今できているロジックの外側に追加する場合とがあります。

　どちらの作り方も、できるようにしておきましょう。

## 内側から作る流れ

　これまでの例題では、外側からコーディングしてきました。そこで今回は、内側から作るやり方を、3-2でも触れた、全員のBMIを計算・表示する処理で解説していきます。

　**内側から作る第一歩は、最初のデータだけに焦点を絞って、確実に動くところまで、プログラムを仕上げます。**

　図3-7-3のように、検診結果シートにボタンを配置し、BMIを算出することにします。データは、2行目から52行目まであり、BMIを表示するF列は、書式設定で小数点第一位まで表示するようにしています。

▼図3-7-3 検診結果シート

| | A | B | C | D | E | F | G |
|---|---|---|---|---|---|---|---|
| 1 | No. | 氏名 | 性別 | 身長 | 体重 | | BMI |
| 2 | 1 | 阿部 叶恵 | 女 | 159.0 | 48.0 | | |
| 3 | 2 | 阿部 菜々子 | 女 | 148.0 | 50.0 | | |
| 4 | 3 | 阿部 大地 | 男 | | 72.0 | | |
| 5 | 4 | 阿部 万袖 | 女 | 160.0 | 55.5 | | |
| 6 | 5 | 安斎 千里 | 女 | 164.0 | 45.5 | | |
| 7 | 6 | 篠原 由季 | 女 | 161.5 | 48.5 | | |
| 8 | 7 | 井上 夏帆 | 女 | 159.0 | 48.0 | | |

やりたいことは、「全員のBMIを計算してF列に表示する」です。それを内側から作る手順は、どんな表現になるでしょうか。

 2行目の身長と体重のデータからBMIを計算して、F列に表示。それができたら、2行目から52行目までに適応させる、でしょうか。

では、2行目だけを作ってみます。

▼ Source Code 3-7-a　2行目の人だけBMIを計算・表示
```
Private Sub CommandButton1_Click()
Dim tall As Double
Dim wt As Double
    tall = Cells(2, "D") / 100
    wt = Cells(2, "E")
    Cells(2, "F") = wt / (tall * tall)
End Sub
```

結果は、セルF2に「19.0」と表示されました。正確には「18.98659…」ですが、F列の書式設定により、四捨五入されています。

### TIPS
### Excelの機能も有効に使う

プログラムで、セルや列単位での書式設定をすることも可能ですが、あらかじめ書式設定をしておけば、表示する値の形式をプログラムで行うという手間が省けます。Excelの機能も有効に使っていきましょう。

外側から作るか内側から作るか **3-7**

## 変数にして値を変化させていく

　ここまでで、2行目の人のBMIは表示できました。この処理を全ての行で行うために、プログラムを拡張していきましょう。全ての行で処理していくと言っても、1行ずつ行うわけで、処理対象の行をn行目と表現することにします。

　「2行目のため」だけに作成したソースコードを「n行目のため」にするには、何を変えればいいでしょうか。違いは行数だけです。行数を変化させるだけで、全ての行に処理が行えます。

　つまり、ソースコードの2をnに変え、nがデータの先頭である2行目から最終行である52まで変わっていくようにすれば、全行の処理ができます。つまりループです。

　それを踏まえてソースコードにしてみましょう。

▼ **Source Code 3-7-b　Forループを使ってn行目のBMIを計算・表示**

```
Private Sub CommandButton1_Click()
Dim tall As Double
Dim wt As Double
Dim n As Integer
    For n = 2 To 52
        tall = Cells(n, "D") / 100
        wt = Cells(n, "E")
        Cells(n, "F") = wt / (tall * tall)
    Next n
End Sub
```

## ゼロ割への対処をする

　一見完成のように思いますが、これを実行すると、「Cells(n, "F") = 」の行で「ゼロ割」を起こして処理が止まります。また、Excelの結果を見ると、2行目まではBMIが計算されているので、3行目の当該処理でエラーが起きたことがわかります。

　以上のことから、D列の身長データが入っていないと「wt / (tall * tall)」の計算で、変数tallの値が0だから起きたエラーだと推測できます。

　また、もし体重データであるE列がブランクで、変数wtの値がゼロだとしても、

111

D列の身長データが入っていればエラーは起きません。しかし、BMIを計算すると0になってしまいますし、そもそも、「BMIを算出する」ということは、身長と体重のデータが揃っていないと計算できません。

これらを踏まえ、D列もしくはE列がブランクかどうかのケアをしましょう。「Cells(n, "F") = 」の処理をするのは、「tall、wtともに0より大きい値のとき」というIf文で括ります。

---

**TIPS**

**ゼロ割**

「100 / 0」はゼロ割というエラーになります。一方、「0 / 100」は、エラーではなく、答えが0になります。Excelの計算式でも同じ現象になるので、確認してみて下さい。

---

「Cells(n, "F") = 」をIf文で括ると、次のようになります。

```
If tall > 0# And wt > 0# Then
    Cells(n, "F") = wt / (tall * tall)
End If
```

内側から作る手順をイメージすると、図3-7-4のようになります。

▼図3-7-4 内側からコーディング

---

**POINT**

内側からコーディングしていくということは、まず、特定の行だけの処理を作成し、全体に広げていく考え方です。全体に広げていくときに、特定の行と他の行とで変化するものに注目します。今回の例では、行番号を変えていく必要があったので、行番号でループさせ、全体の処理にしました。

Debug.Printも工夫が必要　**COLUMN**

**COLUMN**

# Debug.Printも工夫が必要

　デバッグの最大の武器は、何と言ってもDebug.Printです。皆さんは、Debug.Printを有効に使えているでしょうか。

　変数の値をイミディエイトウィンドウに出力しても、見づらいとわけがわからなくなり、効果的なデバッグが行えません。また、通常は199行までしかイミディエイトウィンドウに残らないことも、注意点の一つです。

## ● カンマで区切るとタブが挿入されて同じ行に出力

　例えば変数aと変数bをDebug.Printするとき、いろいろな書き方があります。

　「Debug.Print a,b」のようにカンマで区切ると、aの値のあと、タブが挿入され、同じ行にbの値が書かれます。

　「Debug.Print a,b,」とすれば、bの値のあとにも改行されず、次のDebug.Printも同じ行に書かれます。

## ● セミコロンで区切ると同じ行に出力

　今度は「Debug.Print a;b」としてみましょう。こちらも同じ行に書かれ、タブではなく、スペース2個分離して表示されます。

　「Debug.Print a;b;」と、bの値の後にセミコロンを入れると、カンマと同様、次のDebug.Printも同じ行に書かれます。

## ● イミディエイトウィンドウの中でDebug.Print

　イミディエイトウィンドウの中に「debug.Print len("aaa")」と書いて Enter キーを押すと、「3」とlenの結果が表示されます。

　また、「for i=0 to 10: debug.Print i : next i」と、コロンを使ってFor文を1行にまとめてイミディエイトウィンドウに書き Enter キーを押しても、For文の実行結果として、0から10まで表示されます。なお、このときの変数「i」は宣言する必要なく使えます。

第 **3** 章 ……… コーディングの定石を身に付けるための例題≪基本編≫

## ● 文字列の結合でわかりやすく

「Debug.Print fileName」の１行だけなら問題ありませんが、たくさんの値が
イミディエイトウィンドウに表示されると、どの個所に何の値が表示されている
かがわかりにくくなります。

そこで、「Debug.Print "fileName:" & fileName」とすると、例えばfileName
に「sample100.xlsx」という文字列が入っていた場合「fileName:sample100.
xlsx」と表示され、変数と値がわかりやすくなります。

もし、fileNameの値がブランクだった場合、コロンのあとに何も表示されま
せんので、一見するとよくわからないかもしれません。そのようなときは、値が
ブランクであることがわかるような工夫をします。

「Debug.Print "fileName:[" & fileName & "]"」とすれば、fileNameの前後の
括弧だけ表示されます。

Integer型の変数buff(10)の、０番目〜９番目の値を全てDebug.Printするな
ら、

```
For i = 0 To 9
    Debug.Print "buff(" & i & ") = " & buff(i)
Next i
```

としてみて下さい。仮に、buffの値が１からの連番なら、

**buff(0) = 1**

**buff(1) = 2**

…

**buff(9) = 10**

と表示され、とてもわかりやすくなります。

## ● デバッグでセルを活用する

1000回のループ処理の結果を残したいなら、残る行数制限のあるイミディエ
イトウィンドウではなく、セルに書き出すのも有効な方法です。

使っていないT列に、1000個の要素を持つ配列の中身を表示させるなら、

COLUMN に Debug.Printも工夫が必要

```
For i = 0 To 999
    Cells(i + 1, "T") = buff(i)
Next i
```

とすれば、結果が全て確認できます。

　Debug.Printを含め、効率的なデバッグをするには、工夫が必要です。

第 **4** 章

# 汎用化・省力化で
# よりよいプログラムを
# 作るための例題
# 《中級編》

# 4-1

使用ファイル：4-1.xlsm

## データの終わりを知る
──基本

　プログラムで行うかどうかに限らず、さまざまな処理を行う場合、データの全件を対象にするケースが圧倒的に多いと思います。「全データの中から目的のデータを探す」「全データの中で最高値を判断する」「全データを集計する」など、これまでの例題でも、データ全件を対象に処理を行ってきました。

　**なぜ、「データの終わり」を取り上げるかと言うと、データの数が変動することがあるからです。** 第3章で扱ったサンプルは、2行目～52行目にデータがあったので、全件を処理するForループは、2～52まででした。これにデータが追加された場合、プログラムのFor文を修正する必要があります。データが増減するたびに、プログラムを修正するというのは「実用レベルのプログラム」とは言えません。

　VBAプログラムで、データの終わりを判断する発想を学んでいきましょう。

## End(xlDown).Rowの使用例と注意点

　VBAでは、「指定したセルの最終行／列を取得」するという、とても便利な機能があります。指定したセルに対するプロパティです。

　図4-1-1のデータが、検診結果シートにあります。セルA1に対する最終行を取得してみましょう。

▼図4-1-1　検診結果シート

| | A | B | C | D | E |
|---|---|---|---|---|---|
| 1 | No. | 氏名 | 性別 | 身長 | 体重 |
| 2 | 1 | 阿部 叶恵 | 女 | 159.0 | 48.0 |
| 3 | 2 | 阿部 菜々子 | 女 | 148.0 | 50.0 |
| 4 | 3 | 阿部 大地 | 男 | | 72.0 |
| 5 | 4 | 阿部 万柚 | 女 | 160.0 | 55.5 |
| 6 | 5 | 安斎 千里 | 女 | 164.0 | 45.5 |
| 7 | 6 | 篠原 由季 | 女 | 161.5 | 48.5 |
| 8 | 7 | 井上 夏帆 | 女 | 159.0 | 48.0 |
| 9 | 8 | 井戸 宏記 | 男 | 175.5 | 68.5 |
| 10 | 9 | 磯 京香 | 女 | 149.0 | 42.5 |
| 11 | 10 | 一重 巴南 | 女 | 162.0 | 50.5 |
| 12 | 11 | 宇都宮 夢乃 | 女 | | |
| 13 | 12 | 羽田 貴 | | 170.5 | 66.0 |
| 14 | 13 | 鵜飼 憲一 | 男 | 174.0 | 70.0 |

データの終わりを知る——基本　**4-1**

▼ Source Code 4-1-a　セルA1の最終セル 〔4-1.xlsm〕

```
Private Sub CommandButton1_Click()
Dim lastRow As Long
    'セルA1の最終行を取得
    lastRow = Range("A1").End(xlDown).Row
    MsgBox "最終行：" & lastRow
End Sub
```

　結果をMsgBoxで表示すると、「最終行：52」と表示されます。Range("A1")
に対するEndプロパティに、xlDownという引数を与え、Rowで行番号を取得し
ています。

　これは、ExcelシートでセルA1を選択した状態で Ctrl ＋ ↓ を行うと、最終行
まで移動するのと同じです。さらに、ショートカットキーで ↓ だけでなく ↑ → ←
が有効なのと同様に、Endプロパティの引数にも「xlUp」「xlToRight」「xlToLeft」
が用意されていて、上下左右に対して有効です。

　また、xlToRightやxlToLeftを引数にする場合は、列番号を取得したいので、
Endプロパティに「Row」ではなく「Column」を指定します。

　ただし、Endプロパティを使うには、注意点があります。 Ctrl ＋矢印キーと同
様に、「途中でデータが途切れると、そこでデータの終わりと判断される」という
ことです。ソースコードの「Range("A1").End(xlDown).Row」の「A1」を「C1」に
すると、結果は「12」となり、「D1」なら「3」になります。

　さらに、「指定したセル以降にデータが何もない場合」や「指定したセルを含めて
データが何もない場合」は、「1048576」となり、Excelで扱える行の上限が結果
として得られます。

　つまり、「**End(xlDown).Row**」を有効に使うには、シーケンスNo.のように、
**抜けはなく、最後まできちんと入っているデータ列であることが条件になります。**
それを踏まえて使用して下さい。

## 文字通り「データの最後まで」

　セルのEndプロパティを利用するのは、Excelの特性を活かした方法であるのに対し、プログラムのロジックとして、文字通り「データの最後を判断する」というのも、よく使われる方法です。

 具体的には、どういう感じになるのでしょうか。

　では、こう考えてみれば、ソースコードがイメージしやすくなると思います。**「データの最後を判断する」**のではなく、**「順次処理を行い、データが無くなったら処理をやめる」**です。

 最終行を設定せずにループさせて、データが無くなったらループを抜けるということですね。この場合、Do～Loopなどでループさせるのでしょうか。

　ループさせて、データが無くなったら抜けるというコーディングでもいいのですが、Do～Loopでのループは、無限ループになる恐れもあり、ちょっと不安があります。そこで、「これくらいあれば絶対足りる」という値を上限にして、Forでループさせることにしましょう。
　今回の例題は、「50人程度の社員がいる営業所で行った検診データの集計」ということにし、100人を考慮すれば十分という設定にしましょう。
　では、この内容をコーディングしてみます。処理としては、F列にD列の身長データをそのまま書くことにします。

▼ Source Code 4-1-b　データが無くなったらループを抜ける　　4-1.xlsm

```
Dim i As Integer
    For i = 2 To 100
        'データが無くなったら抜ける
        If Cells(i, "A") = "" Then Exit For
        Cells(i, "F") = Cells(i, "D")
    Next i
End Sub
```

---

**TIPS**

## If文の簡素化

　データが無くなったらExit Forでループを抜けるIf文ですが、Elseがなく、処理が一つしかない場合は、Thenのあとに続けて書くことができ、End Ifを省略することができます。1行で書くことにより、すっきりしたコーディングになります。

　F列にD列の身長データを書いている箇所で、本来やりたい処理、例えば各人のBMIを算出するとか、男性と女性の人数を数えるなどをコーディングすれば、このパターンはかなり有効に使えます。

---

**TIPS**

## 上限設定もセンス良く

　Source Code 4-1-bでは、「For i = 2 To 100」としました。データは2行目から書かれているので、処理できるデータ件数は99件です。上限はあくまで「これくらい設定しておけば十分」という値なので、ピッタリ100件処理できるように「To 101」とするほどのことでもありません。設定する上限値は、十分な値でそれなりの数に設定にしましょう。数十件のデータを扱うなら100、百件前後なら500や1000、数千件なら5000や10000などがきりのいい値としての目安でしょうか。

## データ数の設定をする

　「商品マスタ」や「人事データ」など、マスタ的なデータをシートに登録し、活用することはよく見られます。サンプルとして、**図4-1-2**のようなデータを、シート「商品マスタ」に用意しました。現在は13行目までデータが入っていますが、こういうデータは、当然、増減が起こります。

▼**図4-1-2**　**商品マスタ**

| ⬚ | A | B | C |
|---|---|---|---|
| 1 | ID | 商品名 | 分類 |
| 2 | A001 | デスクトップPC | パソコン本体 |
| 3 | A002 | モバイルPC | パソコン本体 |
| 4 | A003 | タブレットPC | パソコン本体 |
| 5 | B001 | 光学式マウス | PCアクセサリ |
| 6 | B002 | USBメモリ | PCアクセサリ |
| 7 | B003 | 外付けHDD | PCアクセサリ |
| 8 | C001 | プリンタ | 周辺機器 |
| 9 | C002 | スキャナ | 周辺機器 |
| 10 | C003 | DVDドライブ | 周辺機器 |
| 11 | D001 | A4用紙(100枚) | 消耗品 |
| 12 | D002 | 宛名ラベルシール | 消耗品 |
| 13 | D003 | プリンタインク(黒) | 消耗品 |

　指定されたIDで、商品マスタから商品名を取得するプログラムを作成する場合、全データをループして、指定されたID

をA列の中から探すことになります。このときの「全データのループ」はどのようにすればいいでしょうか。

商品マスタなので、IDは必ず登録されているとすれば、A列のデータが無くなるまでループするというロジックが有効で、その方法なら、登録されたデータが増えた場合にも対応できます。

確かにその通りで、一般的な考え方です。間違いではありません。

今回は、少し違ったやり方を紹介します。プログラム化するための発想の一つである「プログラムを作りやすくするための発想」です。**それは、Excelの関数を有効に使うことです。**データ件数を数える「COUNTA」関数をシート「商品マスタ」のD1セルに「=COUNTA(A:A)」と設定すれば、項目名を含めたA列のデータ件数が表示されます。つまりその値が、A列のデータ最終行になります。For文の前に、セルD1の値を変数に入れ、Forは、2〜変数の値までループさせます。

図4-1-3のように、IDを入力しボタンをクリックすると、IDに対応する商品名を表示するプログラムを、サンプルとして作成してみましょう。

▼図4-1-3 IDに対応する商品名を表示

| | A | B |
|---|---|---|
| 1 | ID | 商品名 |
| 2 | | |

▼ Source Code 4-1-c　商品IDから商品名を探す　　4-1.xlsm [sheet1]

```
Private Sub CommandButton1_Click()
Dim itemCode As String
Dim itemName As String
Dim itemNo As Integer
Dim i As Integer

    '入力されたIDを変数に
    itemCode = Range("A2")
    itemName = ""

    With Sheets("商品マスタ")
        '全データ数
```

```
        itemNo = .Range("D1")
        For i = 2 To itemNo
            If .Cells(i, "A") = itemCode Then
                itemName = .Cells(i, "B")
                '一致したらループを抜ける
                Exit For
            End If
        Next i
    End With
    Range("B2") = itemName
End Sub
```

　IDに対応する商品名を正しく取得できました。ただし、このプログラムでは、IDの未入力や、正しくないIDが入力されたときの処理は考慮していません。実務レベルのプログラムにするためには、こういった点に配慮する必要があります。

▼図4-1-4　実行結果

| | A | B |
|---|---|---|
| 1 | ID | 商品名 |
| 2 | C003 | DVDドライブ |

---

### 注　意
## データの開始行

　今回のいくつかの例題で、「データの開始は2のままでいいのか」という疑問を持たれる方もいるかと思います。考え方の一つの指針として

- **データ件数の変更は頻繁にある**
- **データの開始行の変更は、データレイアウト変更で頻度はそれほど高くない**

ということを頭に入れておきましょう。
　前者は、プログラムを修正することなく対応できる作りにしておき、後者は仕様変更なので、プログラム修正をもって対応するというのが一般的な考え方です。

第 **4** 章 ......... 汎用化・省力化でよりよいプログラムを作るための例題≪中級編≫

## POINT

　データを全件見る場合、「データの最終行はどこか」「どういう状態がデータの終わりなのか」などを考えると、色々な手法があることがわかります。また、VBAプログラムは裏で動くものですが、見えるセルに関数を設定するなどの工夫で、発想力の引き出しが増えます。

# 4-2

使用ファイル：4-2.xlsm

## データの終わりを知る
──不規則データ

　システムで使用するデータについて、どういう内容にするか、レイアウトはどうするかなどを決めていくことを、データ設計といいます。通常は「KEYコード」や「ID」で管理され、重複や抜けがないことが前提です。ですが、現実ではきちんとした状態のデータばかりではなく、寄せ集め的なデータを扱わなければならないことがあります。

　「KEYが設定されていないから」「IDに抜けがあるから」という理由でプログラムが作れない、とは言いたくありません。**データ整備ができないなら、可能な限りプログラムで対応するようにします。**

## データの規則性を見つけ出し、規則に従ってコーディング

　**図4-2-1**のようなデータがあったとします。KEYもなければ、抜けもありという状態です。サンプルデータは20行目までですが、毎回データ数が変わる前提とし、数千行のデータを対象にしたプログラムを作成することにしましょう。

　もし、私がこういう状態のデータを扱うプログラムを作成することになったら、まずは、**ナンバリング可能かどうかを確認します。** それができないとなったら、データについて色々な角度からヒアリングをします。**データの規則やルールなどを探し出すためです。**

　その結果、以下の点が判明したことにしましょう。「データは概ね5,000件で、多くても7,000あれば十分である」「抜けはイレギュラーでたまに発生するが、連続して2回抜けがあることは稀である」

　この2点を踏まえて、どういうプログラムになるか、考えてみましょう。

▼図4-2-1　データ

| | A | B |
|---|---|---|
| 1 | A1 | |
| 2 | A2 | |
| 3 | A3 | |
| 4 | A4 | |
| 5 | A5 | |
| 6 | A6 | |
| 7 | A7 | |
| 8 | | |
| 9 | | |
| 10 | A10 | |
| 11 | A11 | |
| 12 | A12 | |
| 13 | A13 | |
| 14 | A14 | |
| 15 | A15 | |
| 16 | | |
| 17 | A17 | |
| 18 | A18 | |
| 19 | A19 | |
| 20 | A20 | |

# 第4章 汎用化・省力化でよりよいプログラムを作るための例題≪中級編≫

 ループは余裕をもって10,000回にして、ブランクデータが連続で5回発生したら、それ以降にデータはないと判断してループを抜ける。こんな感じでしょうか。

　ループ回数の設定や、5回連続でブランクならこの行以降にデータはないという発想は、とてもいいですね。では、その通りにプログラムを作成してみます。ループの中でどのような処理をするかは省略し、何行目で処理を抜けたかだけがわかるプログラムです。

▼ Source Code 4-2-a　5回連続データ無しで処理終了　　4-2.xlsm [sheet1]

```vb
Private Sub CommandButton1_Click()
Dim i As Integer
Dim bkChk As Integer          'ブランクデータカウンタ
    bkChk = 0
    For i = 1 To 10000
        If Cells(i, "A") = "" Then
            bkChk = bkChk + 1    'ブランクデータを数える
        Else
            bkChk = 0            'データありなら、値をクリア
        End If
        If bkChk = 5 Then        '連続して5回ブランクデータ
            Exit For
        End If
    Next i
    MsgBox i & "行目でループをExit"
End Sub
```

　このテストデータで実行すると、「25行目でループをExit」とMsgBoxで表示されます。データが入っていない21行以降のいくつかの箇所にデータを入力するなど、データを変えてテストを行ってみて下さい。

> **TIPS**
>
> **仕様をアナウンス**
>
> データ件数の上限や、データの終わりの条件などは、プログラムを使用する人に伝えておくことも忘れないようにしましょう。設定した条件から外れるデータ体系になった場合に対応するには、事前にプログラムの修正など、何らかの対処が必要になるからです。

## 規則性のないデータに対する考え方

では、図4-2-2のようなデータについて考えてみましょう。データはA列〜D列まであり、各列のデータは抜けがあります。しかも、一番下の行までデータがある列は特定できないとした場合、どのようなロジックを考えればいいでしょうか。

▼図4-2-2 データ

| | A | B | C | D |
|---|---|---|---|---|
| 1 | データ1 | データ2 | データ3 | データ4 |
| 2 | A1 | B1 | C1 | |
| 3 | A2 | | C2 | D2 |
| 4 | A3 | B3 | C3 | |
| 5 | | B4 | | D4 |
| 6 | | B5 | C5 | D5 |
| 7 | A6 | | C6 | |
| 8 | | B7 | C7 | |
| 9 | A8 | B8 | C8 | D8 |
| 10 | A9 | | | D9 |
| 11 | | B10 | | D10 |
| 12 | A11 | B11 | | D11 |
| 13 | A12 | B12 | C12 | |
| 14 | | B13 | C13 | D13 |
| 15 | | B14 | | D14 |
| 16 | A15 | B15 | C15 | D15 |
| 17 | A16 | | | D16 |
| 18 | A17 | B17 | C17 | |
| 19 | | B18 | C18 | D18 |
| 20 | | | C19 | |
| 21 | | | C20 | |

この場合だと、**A列からD列それぞれについて、何行目がデータの最終行かを判断して、その中で一番大きな値を、全体の最終行とするわけですね。**

では、前提条件は先ほどと同様に、データ件数5,000〜7,000として考えてみましょう。列は番号で表現します。

「1列目から4列目までループしながら、各列の10,000行目のセルでEndプロパティをxlUpを引数にして、データのあるセルの最終行番号を取得。各列の最終行番号の最大値を、暫定値を使って入れ替えていく」という考え方なら、うまくいきそうです。まずは、各列のデータのあるセルの最終行番号を調べて、Debug.Printするところまでコーディングしてみます。

第 **4** 章 ......... 汎用化・省力化でよりよいプログラムを作るための例題≪中級編≫

▼ Source Code 4-2-b　各列のデータ最終行確認

```
Private Sub CommandButton1_Click()
Dim i As Integer
Dim elr As Integer
    For i = 1 To 4    '列番号でループ
        '上方向でデータのある行番号を取得
        elr = Cells(10000, i).End(xlUp).Row
        Debug.Print elr
    Next i
End Sub
```

　結果は、「18 19 21 19」と、正しく表示されました。あとは第3章で学んだ、最大値を求めるロジックを入れれば完成です。最大値を入れる変数を「lastRow」とし、For文の前に「lastRow = 0」と初期値を与えます。そして、ループの中で、elrに行番号を入れたあとに「If elr > lastRow Then lastRow = elr」と、それまでの暫定値とelrの値を比較し、elrの値が大きければ暫定値をelrの値に入れ替えます。これにより、Forループが終わったあとには、lastRowに各列の最大行番号が入っています。

▼ Source Code 4-2-c　全データの最終行　　　　　　　4-2.xlsm [Sheet2]

```
Private Sub CommandButton1_Click()
Dim i As Integer
Dim lastRow As Integer
Dim elr As Integer
    lastRow = 0     '最終行の暫定値
    For i = 1 To 4
        elr = Cells(10000, i).End(xlUp).Row
        If elr > lastRow Then lastRow = elr     '算定値入れ替え
    Next i
    MsgBox "最終行:" & lastRow
End Sub
```

データの終わりを知る——不規則データ **4-2**

## POINT

　システムやプログラムで扱うには向いていないデータでも、規則性を探ったり、上限などの条件を調べたりすることにより、対処するロジックを考え出すことができます。

# 4-3

使用ファイル：4-3.xlsm

# 暗号化にチャレンジ
## ――規則性を見つける

今回は、文字列を操作して暗号化することにチャレンジしてみましょう。暗号化といっても、複雑な内容ではなく、ルールに従って文字列を組み替える程度の簡単な内容で、題材としてメールアドレスを暗号化することにします。

## 暗号化の内容

**図4-3-1**のように、A列にメールアドレスの一覧があり、ボタンをクリックするとB列に暗号化されたメールアドレスを書き出すことにします。

▼図4-3-1　メールアドレス一覧表

| | A | B |
|---|---|---|
| 1 | 変換前 | 変換後 |
| 2 | neko-love@xxxx.com | |
| 3 | staycool@xxxx.co.jp | |
| 4 | yuki.shino@xxxxxxx.com | |
| 5 | abc123xyz456@xxx.ac.jp | |
| 6 | moeka.hasegawa@xxx.com | |
| 7 | akiho-tanaka@xxxxx.ne.jp | |

暗号化のルールは次の通りです。

**① メールアドレスのアカウント(@の前の文字列)を暗号化**

**② データ数は概ね700件程度**

**③ アカウントの先頭の文字と最後の文字を入れ替え**

**④ アカウントの文字数に対応したアルファベットを先頭に付加**

**⑤ メールアドレスの文字数に応じたアルファベットを最後に付加**

④と⑤の数字に応じたアルファベットというのは、1ならa、13ならm、26ならzということです。26を超えたら、数値から26を引き、1～26の数字になるようにしてからa～zを対応させるようにします。

## 全体構成を考える

今回のように、各行に対する処理が複雑な場合の処理は、どのように考えていけばいいでしょうか。

 こういう複雑な処理になると、やることはわかっているのですが、何から手を付けていいかが、正直よくわかりません。メールアドレスが複数行に書かれているので、ループで回していくことは想像できますが、その中で暗号化していくわけですよね。

ループで全メールアドレスを処理していき、各メールアドレスを暗号化する処理が複雑になることが想像できますので、そこを関数化することにしましょう。

 共通の処理を行う場合には、関数化して呼び出すのが有効な方法ですね。

その通りですが、それだけではありません。**暗号化の内容が変わったり、暗号化1、暗号化2というように、処理が追加されたりした場合でも、関数化しておけば、プログラムの修正が容易になります。**

コーディングを段階的に行う第一歩として、暗号化する関数をダミーで作り、メインロジックからその関数を呼び出し、戻り値をシートに書き込む処理までを作成します。

▼ Source Code 4-3-a　メイン処理
```
Private Sub CommandButton1_Click()
Dim i As Integer
Dim eMail_1 As String
Dim eMail_2 As String
    For i = 2 To 1000
        'データの終わり
        If Cells(i, "A") = "" Then Exit For
        'A列のメールアドレスを変数に
        eMail_1 = Cells(i, "A")
```

第**4**章 ……… 汎用化・省力化でよりよいプログラムを作るための例題≪中級編≫

```
        'メールアドレスを引数に関数を呼び出す
        eMail_2 = addChange(eMail_1)
        '変換後のメールアドレスを書き出す
        Cells(i, "B") = eMail_2
    Next i
End Sub
```

　暗号化する関数名をaddChangeで作成し、元のメールアドレスを引数として渡しています。addChangeは、とりあえずダミーで作成しますが、どんな内容でもいいわけではありません。何か戻り値をきちんと返すことが必須です。今回は引数として受取ったメールアドレスに「a」を付加した文字列を返すことにします。

▼ Source Code 4-3-b　addChange関数

```
'メールアドレスを暗号化
Private Function addChange(ad As String)
Dim rtn As String
    rtn = ad & "a"
    addChange = rtn
End Function
```

　実行結果は、**図4-3-2**のようになりました。このことから、addChange関数の作成が正しくできたこと、メインロジックからaddChange関数を正しく呼び出せたこと、戻り値を正しく受け取れたことがわかります。

▼図4-3-2　実行結果

| | A | B |
|---|---|---|
| 1 | 変換前 | 変換後 |
| 2 | neko-love@xxxx.com | neko-love@xxxx.coma |
| 3 | staycool@xxxx.co.jp | staycool@xxxx.co.jpa |
| 4 | yuki.shino@xxxxxx.com | yuki.shino@xxxxxx.coma |
| 5 | abc123xyz456@xxx.ac.jp | abc123xyz456@xxx.ac.jpa |
| 6 | moeka.hasegawa@xxx.com | moeka.hasegawa@xxx.coma |
| 7 | akiho-tanaka@xxxxx.ne.jp | akiho-tanaka@xxxxx.ne.jpa |

　プログラム作成が未熟な方が、複雑な処理をする関数を作成し、それを呼び出して処理させるプログラムを作成する場合、結果が正しく得られなかったときに、どこが間違っているのか判断できないことがよくあります。このことは、関数の作成に苦手意識を持つことにもつながります。

　処理を関数化することで、コーディングスキルが向上しますので、**まずは中身をダミーで作成する発想を持ち、効率よく段階的なコーディングができるように**

132

なりましょう。

> **TIPS**
> **段階的コーディング**
>
> どこまでをどのように作成していくかを考えるのは、コーディングの基本です。段階的コーディングはデバッグを容易にします。

ここまでできたら、あとはaddChangeを仕上げるだけですね。これはこれで、また難関な気がします。

## 文字列から必要な個所を抜き出す

　メールアドレスという文字列を、ルールに従って暗号化しますので、必要な部分をそれぞれ抜き出すことが発想できれば、そのあとの処理が容易になります。

　暗号化のルールから、必要な部分を抜き出し、必要な情報を得るイメージが**図4-3-3**です。

▼図4-3-3　暗号化ルール

まずメールアドレスからアカウントだけを抜き出し、

① **先頭の文字**
② **最後の文字**
③ **最初と最後の文字以外**

を別々に抜き出します。さらに必要な情報としては、

④ メールアドレスの文字数
⑤ アカウントの文字数

になります。
　最初のメールアドレスからアカウントを抜き出すには、どうすればいいでしょうか。

アカウントは、@の前の部分なので、メールアドレスから@の位置を取得し、メールアドレスの先頭から@の位置の一つ前まで取り出せばアカウントになります。

　その通りですね。そして@の前の文字位置−1が、そのままアカウントの文字数ということになります。では、①〜⑤までの処理をaddChangeにコーディングしてみましょう。先ほどのaddChangeでの戻り値は、メールアドレスに「a」を付加した文字列でしたが、今回はアカウントを返すことにします。さらに、Debug.Printで各値を表示することにします。

▼ Source Code 4-3-c　addChange関数

```
Private Function addChange(ad As String)
Dim rtn As String
Dim accAll As String      'アカウント部
Dim accLeft As String     'アカウントの最初
Dim accMid As String      'アカウントの中
Dim accRight As String    'アカウントの最後
Dim accLen As Integer     'アカウントの文字数
Dim addLen As Integer     'メールアドレスの文字数
    accLen = InStr(ad, "@") - 1          '⑤
    accAll = Left(ad, accLen)
    accLeft = Left(accAll, 1)            '①
    accRight = Right(accAll, 1)          '②
    accMid = Mid(accAll, 2, accLen - 2)  '③
    addLen = Len(ad)                     '④
    Debug.Print ad & ":" & accLeft & " " & accMid & " " & accRight & "
                            ➡[" & accLen & "][" & addLen & "]"
```

```
        rtn = accAll         '戻り値をセット
        addChange = rtn
End Function
```

実行結果とDebug.Printの結果は以下のようになりました。

▼図4-3-4 実行結果　　　　　　　▼図4-3-5 Debug.Printの結果

これで必要な情報が正しく抜き出せたことが確認できました。

---

**TIPS**

## 段階的確認

　段階的にコーディングするなら、段階的に確認する必要があります。ここまでの addChange関数のコーディングで、accAllやaccLeft、accLenなど全ての変数に正しく値が取得できたことを確認しなければ、その先のロジックは意味のないものになってしまいます。

---

　さらに、ソースコードに暗号化ルールの4と5の、文字数に応じたアルファベットを付加する処理を追加します。この処理には、VBAのChr関数を使用します。Chr関数は、文字コードに対応する文字を返す関数で、「a」の文字コードは97、「b」は98、「z」は122です。

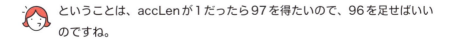 ということは、accLenが1だったら97を得たいので、96を足せばいいのですね。

　メールアドレスのアカウントの最長が26文字ならそれでいいのですが、残念ながらメールアドレスの決まりでは、アカウント部分は「@を含めて64文字まで」

第**4**章 ………… 汎用化・省力化でよりよいプログラムを作るための例題≪中級編≫

となっています。さらに、アカウントの文字数を単純な割り算の余り値を使う方法では、どの値で「余り0」と割り切れてしまうのかを考えて、計算式を考えなければなりません。

　こういうときにも、**ちょっとした対応表を作成することで、ロジックが思い付く助けになります。**

▼**図4-3-6　対応表**

| accLenの値 | 1 | 2 | 3 | … | 25 | 26 | 27 | 28 |
|---|---|---|---|---|---|---|---|---|
| 変換したい文字 | 1 | 2 | 3 | | 25 | 26 | 1 | 2 |
| もしくは | 0 | 1 | 2 | | 24 | 25 | 0 | 1 |
| 26で割った余り | 1 | 2 | 3 | | 25 | 0 | 1 | 2 |
| 27で割った余り | 1 | 2 | 3 | | 25 | 26 | 0 | 1 |
| (accLenの値-1)を26で割った余り | 0 | 1 | 2 | | 24 | 25 | 0 | 1 |

　アルファベットは26個ですので、accLenの値が1、27のときに、1もしくは0といった最小値が算出できる計算式が必要になります。

　単純にaccLenを26や27で割った余りでは、余りが最小値になるときは除数と等しいときということになってしまうので、だめです。そこで、accLen-1を26で割った余りなら、希望通りの計算結果が得られます。**「規則性を見つける」「規則性を生みだす」**ことが必要になるというわけです。

　あとは、計算式で算出された値に＋97した値を文字コードにして、Chr関数で文字に変換すれば、暗号化ルール4と5のアルファベットが得られます。

　では、アカウントの先頭文字と最後の文字を入れ替え、アカウントとメールアドレスの長さに応じたアルファベットを付加した文字列を、戻り値をセットするようにソースコードを修正します。修正箇所は「戻り値をセット」する1行だけです。

▼ **Source Code 4-3-d　addChange関数**　　　　`4-3.xlsm`

```
rtn = Chr(((accLen - 1) Mod 26) + 97) & accRight & accMid & accLeft &
      ➡Chr(((addLen - 1) Mod 26) + 97) & Mid(ad, accLen + 1, 256)
```

　@以降のドメインは、Mid(ad, accLen + 1, 256) で取り出すことができ、長

さを256と指定しているのは、「256文字より少なければある分だけ」と処理され、エラーではありません。

実行結果は、**図4-3-7**のように正しく表示できました。abcdefd@xyz.comなどわかりやすいアドレスでテストをしたり、アカウントだけで26

▼図4-3-7　メールアドレス暗号化結果

| | A | B |
|---|---|---|
| 1 | 変換前 | 変換後 |
| 2 | neko-love@xxxx.com | ieeko-lovnr@xxxx.com |
| 3 | staycool@xxxx.co.jp | hltaycooss@xxxx.co.jp |
| 4 | yuki.shino@xxxxxxx.com | jouki.shinyv@xxxxxxx.com |
| 5 | abc123xyz456@xxx.ac.jp | l6bc123xyz45av@xxx.ac.jp |
| 6 | moeka.hasegawa@xxx.com | naoeka.hasegawmv@xxx.com |
| 7 | akiho-tanaka@xxxxx.ne.jp | lakiho-tanakax@xxxxx.ne.jp |

文字を超えたりするパターンなどもテストしてみて下さい。

---

**TIPS**

### VBA関数をいかに活用するか

VBAでは豊富な関数が用意されています。使い方、組み合わせ次第でさまざまなことができますので、基本的な関数はしっかりと覚え、身に付けておくことでコーディングの引き出しが増えます。

---

プログラムの最後の仕上げとして、何か追加しないといけませんね。

処理できないデータのエラー処理ですね。A列のメールアドレスがブランクだったらそこでメイン処理が終わるので、addChange関数の呼び出しの引数がブランクということはないですよね。メールアドレスの整合性や妥当性を調べるということですか。

どういう運用をされるかにもよりますが、メールアドレスとして正しいかや、妥当な文字列かについては、組み込むとしたら別の処理になります。ここでは、**「これが欠けていると、処理が続かない」という点に絞ってエラー処理をしていくことにしましょう。**

メールアドレスに「@」がない、アカウントが2文字未満、この二つについては、addChange関数でエラーが起きますので対処しましょう。前者については、InStr関数で@の位置を探し、見つからない場合「-1」を返しますので、これで判断でき

第 **4** 章 ········ 汎用化・省力化でよりよいプログラムを作るための例題≪中級編≫

ます。後者は、accLenの値が < 2 で判断可能ですので、いずれにしてもInStr関数でのaccLenの値でエラーが判断できるということになります。

　また、いずれかのエラーが起きた場合に、addChange関数は何を戻り値とするのかを決めなければなりません。今回は元のメールアドレスをそのまま返すことにしましょう。B列には、暗号化できなかった場合は、A列の文字列がそのまま表示されることになります。

　addChangeのソースコード内で、処理の最初として

```
rtn = ad
```

を追加し、accLen = InStr(ad, "@") - 1 のステップの直後に、

```
If accLen < 2 Then
    addChange = rtn
    Exit Function
End If
```

を追加すれば、このプログラムは完成です。

---

### POINT

　文字列を操作したり組み立てたりするロジックでは、必要な内容を必要なだけ変数に取り出し、図を使って考えると、やりたいことをソースコードに落とし込む作業が、具体的に発想しやすくなります。また、規則性を見つけるロジックでも同じです。考えを図や表など見てわかるものにすることで、ソースコードにできる計算式を見つけ出す助けになります。

138

使用ファイル：4-4.xlsm

# 社員番号で氏名を取得する
## ——汎用性を高める

　今回は、別のシートにあるデータを読み込む基本形を解説します。前章でも触れていますが、次の例題と合わせて、汎用性・拡張性に優れたプログラムの作り方、データの持ち方を学んで下さい。

　データは、**図4-4-1**のように、社員番号で管理され、氏名と性別があります。件数は数百人程度としておきます。シート名は「社員名簿」です。

　メインシートには、**図4-4-2**のように、社員番号を入力する欄があり、ボタンを押すと、その社員の氏名が表示することとします。

▼図4-4-1　**社員名簿**

| | A | B | C |
|---|---|---|---|
| 1 | 社員番号 | 氏名 | 性別 |
| 2 | A0001 | 阿部 叶恵 | 女 |
| 3 | A0002 | 阿部 菜々子 | 女 |
| 4 | A0003 | 阿部 大地 | 男 |
| 5 | A0004 | 阿部 万柚 | 女 |
| 6 | A0005 | 安斎 千里 | 女 |
| 7 | A0006 | 篠原 由季 | 女 |
| 8 | A0007 | 井上 夏帆 | 女 |
| 9 | A0008 | 井戸 宏記 | 男 |
| 10 | A0009 | 磯 京香 | 女 |
| 11 | A0010 | 一重 巴南 | 女 |
| 12 | A0011 | 宇都宮 夢乃 | 女 |
| 13 | A0012 | 羽田 貴 | 男 |
| 14 | A0013 | 鵜飼 憲一 | 男 |
| 15 | A0014 | 永田 学 | 男 |
| 16 | A0015 | 永橋 純奈 | 女 |
| 17 | A0016 | 横井 航來 | 女 |
| 18 | A0017 | 岡 潤一 | 男 |
| 19 | A0018 | 岡田 沙織 | 女 |
| 20 | A0019 | 岡野 千尋 | 女 |
| 21 | A0020 | 岡田 早希 | 女 |
| 22 | A0021 | 岡本 貴之 | 男 |
| 23 | A0022 | 岡部 優花 | 女 |

▼図4-4-2　**メインシート**

| | A | B |
|---|---|---|
| 1 | 社員番号 | |
| 2 | 氏名 | |

　汎用性や拡張性を意識するというのは、具体的にはどのような点に気を付ければいいのでしょうか。

　Excelシートに書いた関数は、行列の挿入や削除、シート名の変更にも自動で対応してくれます。しかし、VBAでRangeやCellsを使って参照しているセルや、Sheetsで指定するシート名は、文字列を与えているので、行列の挿入などには対応してくれません。**もし、運用の事情などでデータファイルのレイアウトが変更されたなどの場合にも、容易に対応できるようにすることを意識して、プログ**

ラムコードを書く必要があります。

## 仕様変更に容易に対応するための工夫

 ソースコードの修正を行うのは致し方ないとしても、極力修正箇所を少なくする工夫が必要ということですね。

　その通りです。修正箇所が多くなれば、それだけミスを起こす可能性が増えます。データファイルのレイアウト変更は、プログラムを作る側としては、できればあって欲しくないことですが、社内のルール変更やその他の諸事情で「無くはない」ことです。それを踏まえて最初からソースコードを書いておくことも、ワンランク上のプログラムを作るスキルの一つです。

　具体的には、**データシートのシート名、KEYの列番号、データ開始行といった値を一箇所で定義しておき、修正が必要になった場合にはその一箇所だけを修正すればいいという仕掛けにしておきます。**

　以下は、標準モジュールで「データシート名」「KEYの列番号」「データ開始行」を定数にし、Sheet1に配置したボタンで、データの先頭行の氏名を表示するソースコードです。

▼ Source Code 4-4-a　Module1　　　　　　　　　　　　　　　　　　　4-4.xlsm
```
Public Const DATA_SHEET_HR = "社員名簿"      'データシート名
Public Const KEY_HR = 1                      'KEY(社員番号)列番号
Public Const DATATOP_HR = 2                  'データ開始行
```

▼ Source Code 4-4-b　　　　　　　　　　　　　　　　　　　　　　　　4-4.xlsm
```
Private Sub CommandButton1_Click()
    MsgBox Sheets(DATA_SHEET_HR).Cells(DATATOP_HR, KEY_HR + 1)
End Sub
```

　実行結果は、**図4-4-3**のように正しく表示されました。ソースコードでデータシートを参照する場合には、全ての箇所でSheets(DATA_SHEET_HR)と記述します。そうすれば、もしデータシート名が変更されてもModule1のPublic Const

DATA_SHEET_HR = "社員名簿" と定義している箇所を修正するだけで済みます。

▼図4-4-3 実行結果

---

**TIPS**

**定数の宣言位置**

今回は、標準モジュールで定数の宣言を行っていますが、Sheet1のソースコードを記述する箇所に、Publicではなく、Privateで宣言しても特に問題はありません。しかし、ソースコードのボリュームが増えたり、SubやFunctionプロシージャが多くなったりする場合には、定数は一箇所にまとめることをお勧めします。これは、PublicとPrivateの定数が重複することを避けられるだけでなく、可読性、判読性を高め、デバッグを容易にする効果があります。

---

## データシートから値を取得するときは関数化が基本

今回の例題のように、入力された番号からそれに対応する値を表示する場合、関数化して作成するのが一般的です。関数化すべきケースは、似た処理を共通化する目的や、長いロジックを分散させる場合などがあります。やはりこれも、プログラム修正を容易にするなどの工夫の一つです。

ここでいう関数とは、SubとFunctionを指しています。値を返す関数をFunction、返さない関数をSubと理解すればわかりやすいでしょう。**Functionは、処理を共通化させるときに使用したり、他のシートのデータを指定された条件で探したりといった処理に用いられます。一方、Subは処理を分散させる目的で使われることが多いです。**

では、関数化して、社員番号から氏名を取得するプログラムを仕上げていきましょう。

第 **4** 章 ········· 汎用化・省力化でよりよいプログラムを作るための例題≪中級編≫

▼ Source Code 4-4-c                    `4-4.xlsm`

```
Private Sub CommandButton1_Click()
Dim sid As String
Dim nameD As String
    sid = Range("B1")
    nameD = getName(sid)
    Range("B2") = nameD
    MsgBox Sheets(DATA_SHEET_HR).Cells(DATATOP_HR, KEY_HR + 1)
End Sub
```

　セルB1に入っている社員番号を変数に入れ、それを引数にして関数getName
を呼び出します。戻り値は社員名で、変数nameDで受け取り、セルB2に書いて
います。

　次に、getNameのソースコードです。

▼ Source Code 4-4-d    Module1              `4-4.xlsm`

```
Function getName(code As String)
Dim i As Integer
Dim rtn As String
    rtn = ""
    With Sheets(DATA_SHEET_HR)
        For i = DATATOP_HR To 1000
            'データの終わり
            If .Cells(i, KEY_HR) = "" Then Exit For
            If .Cells(i, KEY_HR) = code Then
                rtn = .Cells(i, KEY_HR + 1)
                Exit For    '見つかったらループを抜ける
            End If
        Next i
    End With
    getName = rtn
End Function
```

　これを実行すると、セルB2に正しく表示されます。セルB1に間違った社員番
号や、何も入力しないで実行すると、セルB2にはブランクが表示されます。今

142

回は、入力された社員番号が有効かどうかまではチェックしないこととします。

## プログラムの修正に時間を掛けない

　仕様変更や運用のルール変更などの理由により、プログラムを修正することは多々あります。その際に、**なるべく修正箇所を少なくすることはとても大切です。**手を加える箇所が増えれば、それだけ人的ミスが起こる可能性が高くなるのは、前述の通りです。

　また、プロジェクトなど複数人でプログラム開発を行ったり、後々のメンテナンスを考え、誰にでもわかりやすく修正しやすいコーディング方法にしたりする方法としても、関数化はとても有効な手法です。

---

### TIPS
### 関数を作るときの発想

　VABのLEN関数は「文字列を渡すから長さを教えて」となり、LEFT関数なら「文字列を渡すから左から取り出して」と表現できます。今回のgetName関数では、「社員番号を渡すから名前を教えて」ということです。渡すものが引数になり、教えてもらうものや結果が戻り値と考えれば、関数化に対する苦手意識も、少しは軽減するのではないでしょうか。

---

### POINT

　データレイアウトの変更など、ある程度想定してプログラムを作成することが大切です。少ない修正で済ませられる仕掛けは、修正作業でのミスを防ぐだけでなく、他の人にもわかりやすいソースコードになります。

# 4-5 関数の共通化

使用ファイル：4-5.xlsm

　先ほどの「社員名簿」に加え「顧客マスタ」と「商品マスタ」が追加されたファイルを使用して、関数を共通化する発想を学んでいきます。

　社員名簿が数百人程度だったのに対し、顧客マスタは500社程度、商品マスタは3000アイテム数程度としておきます。

▼図4-5-1　顧客マスタ

| | A | B |
|---|---|---|
| 1 | 顧客ID | 顧客名 |
| 2 | CA-S01 | 吉田精密機器 |
| 3 | CA-S02 | 東洋販売 |
| 4 | CA-S03 | 高橋プランニング |
| 5 | CA-M01 | J-CAST |
| 6 | CA-M02 | AZ SYSTEM |

▼図4-5-2　商品マスタ

| | A | B |
|---|---|---|
| 1 | モデルNo. | 商品名 |
| 2 | PSK-001 | プリンタ用紙 |
| 3 | KJH-001 | 光学式マウス |
| 4 | SKK-001 | プリンターインク |
| 5 | YAU-001 | 外付けHDD |
| 6 | MJM-001 | DVD20枚組 |

## 汎用的な関数をイメージする

　メインシートに、図4-5-3のようなセルを用意し、CODE欄に入力されたものが、社員番号なら社員名を、顧客IDなら顧客名を、モデルNo.なら商品名をセルB2に表示することにします。セルA2には「氏名」「顧客名」「商品名」のいずれかを表示させます。

▼図4-5-3　メインシート

| | A | B |
|---|---|---|
| 1 | CODE | |
| 2 | | |

社員番号、顧客ID、商品のモデルNo.はそれぞれ桁数が違うので、入力された桁数で、三つのうちどれが入力されたかの判断は可能ですね。

それはいい気づきです。その先のロジックはどうすればいいでしょうか。

すぐに思い付くのは、社員名簿から氏名を取得するgetName関数と同様の関数を、顧客マスタ版、商品マスタ版と作成し、入力されたコードにより、どれかを呼び出すという感じです。

仮に、顧客マスタ版でgetName2、商品マスタ版でgetName3という関数を作成した場合、社員名簿版のgetName関数と比べて、相違点、共通点はどんな感じでしょうか。

 Sheetsで指定しているデータシート名が一番の相違点です。あとは、データシートでKEYを設定している列や、データの開始行などは同じです。他に相違点としては、商品マスタは3000アイテムということなので、getName3では、For文で1000ではなく、5000くらいにすることでしょうか。

つまり、相違点を考慮したロジックを取り入れれば、getName2やgetName3を作ることなく、getName関数一つで済むと考えられます。特定のデータだけに通用する関数ではなく、汎用的に使える関数を作るわけです。

## 相違点は引数にする

**汎用的な関数を作成するときの基本的な考え方として、「相違点は引数にする」というものがあります。**今回の例題では、社員番号、顧客ID、モデルNo.の桁数から、シート名を判断し、シート名をgetNameへの引数に追加します。なお、顧客マスタと商品マスタのシート名を、Source Code 4-5-1のようにModule1に追加しておきます。

▼ Source Code 4-5-a　Module1　　　　　　　　　　　　　　4-5.xlsm
```
Public Const DATA_SHEET_HR = "社員名簿"      '社員名簿
Public Const DATA_SHEET_CS = "顧客マスタ"    '顧客マスタ
Public Const DATA_SHEET_IM = "商品マスタ"    '商品マスタ
```

▼ Source Code 4-5-b　メインシート　　　　　　　　　　　　4-5.xlsm
```
Private Sub CommandButton1_Click()
Dim sid As String
Dim tmp As Integer
Dim sheetName As String
```

第**4**章 ……… 汎用化・省力化でよりよいプログラムを作るための例題≪中級編≫

```
Dim nameD As String
    sid = Range("B1")
    tmp = Len(sid)
    sheetName = IIf(tmp = 5, DATA_SHEET_HR, IIf(tmp = 6, DATA_SHEET_CS,
                                                ➡DATA_SHEET_IM))
    nameD = getName(sid, sheetName)         '引数はコードとシート名
    Range("B2") = nameD
End Sub
```

▼ **Source Code 4-5-c**                                    (4-5.xlsm)

```
'code:入力されたコード  sName：シート名
Function getName(code As String, sName As String)
Dim i As Integer
Dim rtn As String
    rtn = ""
    With Sheets(sName)
        For i = DATATOP_HR To 5000
            'データの終わり
            If .Cells(i, KEY_HR) = "" Then Exit For
            If .Cells(i, KEY_HR) = code Then
                rtn = .Cells(i, KEY_HR + 1)
                Exit For        '見つかったらループを抜ける
            End If
        Next i
    End With
    getName = rtn
End Function
```

　実行すると、社員番号でも顧客IDでも商品No.でも、正しく名称が表示されます。

## エラー処理をする／しないの判断

　ここまでのプログラムで、正しくない桁数のコードが入力された場合は、どのような処理が行われていて、何が表示されるのか、もしくは何も表示されないの

かを確認しておく必要があります。
　結論から言うと、メインロジックのIIF関数で、入力された桁数の長さをチェックしていて、「5桁」か「6桁」か「それ以外」で判断しています。よって、セルB1に何も入力しない0桁を含む、5桁と6桁以外は「商品マスタ」を引数にgetNameを呼び、結果、一致するものがないので、getNameからブランクが返されていることになります。

 何か対応する必要があるのでしょうか。

　どのように使われるプログラムかによります。不特定多数の方や、この機能に不慣れな方が使用するプログラムなら、5桁〜7桁のコードが入力された場合、「コードが正しくありません」などのメッセージを表示して処理をしないようにする必要があります。
　今回は、特定の部署の数人の担当者が使用するプログラムということにして、コードの桁数エラーのチェックは行わないことにします。

## 外部変数を活用して、変動項目の表示

　最後に、セルA2に何の名称かを表示させることにしましょう。各マスタの項目が入力されているセルB1には、社員名簿なら「氏名」、顧客マスタなら「顧客名」、商品マスタなら「商品名」とありますので、これを利用することにします。
　Module1に外部変数(codeTitle)を用意し、getName関数のコード一致のIF文の中に、マスタのセルB1の値を代入します。メインロジックでその変数の値をセルA2に書きます。また、外部変数の初期化を忘れないようにします。

▼ Source Code 4-5-d　Module1のヘッダ部　　　　　　　4-5.xlsm
```
Public codeTitle As String
```

▼ Source Code 4-5-e　getNameの最初に　　　　　　　4-5.xlsm
```
    codeTitle = ""
```

第**4**章 ──── 汎用化・省力化でよりよいプログラムを作るための例題≪中級編≫

▼ Source Code 4-5-f　getNameのコード一致のIF文　　　　　　`4-5.xlsm`

```
        If .Cells(i, KEY_HR) = code Then
            rtn = .Cells(i, KEY_HR + 1)
            codeTitle = .Cells(DATATOP_HR, KEY_HR).Offset(-1, 1)
            Exit For      '見つかったらループを抜ける
        End If
```

と追加し、メインロジックの最後に次の1行を追加します。

▼ Source Code 4-5-g　　　　　　`4-5.xlsm`

```
    Range("A2") = codeTitle
```

　図**4-5-4**は、任意の顧客コードを入力して実行した
結果です。顧客名が正しく取得でき、セルA2には、
「顧客名」と表示されました。

▼図4-5-4　実行結果

| ▲ | A | B |
|---|---|---|
| 1 | CODE | CA-S03 |
| 2 | 顧客名 | 高橋プランニング |

---

**TIPS**

## OFFSETの活用

　各マスタシートから、セルA2に表示する項目名を取得する際、Source Code 4-5-fで
は「データ開始行（DATATOP_HR）の1行上」「KEYの列番号（KEY_HR）の右隣の列」を、
OFFSETを使い指定しています。これを.Range("B1")としてしまうと、列が追加された
際に、修正を容易にする前提の仕組みが崩れてしまうからです。

---

**POINT**

　ほとんど同じような処理をするロジックは、共通関数化できると考えるこ
とが必要です。関数が呼び出すたびに変化するものを引数として指定すると、
汎用的な関数が作りやすくなります。

使用ファイル：4-6.xlsm

# 背景などを着色するときの工夫

　ある処理を行い、その結果、特定のセルに着色することはときどき見受けられます。指定されたセルの背景を赤くしたり、条件に合ったセルを緑にしたりといった具合です。私の経験でも、このような処理を取り入れたプログラムを作成したことは何度もあります。そのたびに起こることがあります。それは、ユーザーにあとから「この赤は明るすぎるので、少し暗い感じに修正して下さい」とか、「この黄色は印刷するとハッキリ見えないので、緑に変更しましょう」といった、色の変更要望です。

　現在、VBAで設定できる背景色は、RGBの指定で256×256×256色なので、今後増えることは考えづらく、Excelのバージョンが変わっても設定した色が大きく変わることはないでしょう。後々背景色の変更要望があるとすれば、プログラムのユーザーのパソコンや、プリンタが変わった場合に考えられます。これは、パソコンの性能やスペックによって、色の見た目に差が出るからです。さらに詳しく言うと、キャリブレーションによる違いで、自分のパソコン、他の人のパソコン、印刷するプリンタで色の違いを感じることがあります。

## 背景色を設定する基本

　VBAで背景色を指定するには、二つの方法があります。
　Range("A1").Interior.ColorIndex = 3 と Range("A1").Interior.Color = RGB(0, 0, 255) というような方法です。前者はセルA1が赤になり、後者は青になります。ColorIndexで指定する番号は、Excelのテーマの設定に依存する番号なので、通常は後者のColorを指定することをお勧めします。
　セルA1の背景色を赤にしたいとき、Range("A1").Interior.Color = RGB(255, 0,0) とすればできますが、先に説明したように、パソコンで見るといい感じなのに、印刷すると赤が濃すぎて文字が見えないといった現象が起こります。

第 **4** 章 ......... 汎用化・省力化でよりよいプログラムを作るための例題≪中級編≫

## ユーザーが容易に変更できる仕掛け

　運用開始後、暫くしてから背景色の変更依頼に対応しなければならない煩わしさから解放され、ユーザーがそのときの環境に合った色を設定できる方法なら、まさに一石二鳥です。

　メインシートに、**図4-6-1**のようなデータがあり、ボタンをクリックすると最大値と最小値にそれぞれ背景色を設定するプログラムを作成します。

▼**図4-6-1** データ

| | A |
|---|---|
| 1 | 値 |
| 2 | 1003 |
| 3 | 2038 |
| 4 | 987 |
| 5 | 899 |
| 6 | 2303 |
| 7 | 778 |

　最大値、最小値それぞれの背景色は、シートconfigで**図4-6-2**のように設定しておきます。　印刷の関係でセルB1とB2の色がはっきりわからないと思いますが、B1は赤、B2は濃い水色になっています。ぜひ、4-6.xlsmを開きながら本書を読み進めて下さい。

▼**図4-6-2** config

| | A | B |
|---|---|---|
| 1 | 最大値 | |
| 2 | 最小値 | |

　ユーザーには、背景色を変更する際には、configの色を変更すれば、プログラムに反映されると伝えておきましょう。

　前章での例題にもあった、最大値、最小値を調べる例題を元にプログラムを作成します。

▼ Source Code 4-6-a　　　　　　　　　　　　　　　　　　　　( 4-6.xlsm )

```
Private Sub CommandButton1_Click()
Dim i As Integer
Dim maxVal As Integer      '最大値
Dim minVal As Integer      '最小値
Dim maxValLine As Integer   '最大値の行
Dim minValLine As Integer    '最小値の行
    maxVal = 0: minVal = 9999
    For i = 2 To 7
        If Cells(i, "A") > maxVal Then
            maxVal = Cells(i, "A")
```

150

```
            maxValLine = i
        End If
        If Cells(i, "A") < minVal Then
            minVal = Cells(i, "A")
            minValLine = i
        End If
    Next i
    'シートconfigで設定されている色
    Cells(maxValLine, "A").Interior.Color = Sheets("config").Range("B1").
                                        ➡Interior.Color
    Cells(minValLine, "A").Interior.Color = Sheets("config").Range("B2").
                                        ➡Interior.Color
End Sub
```

　実行結果は、**図4-6-3**のように、最大値と最小値それぞれ
に、シートconfigで設定した色が背景色として設定されまし
た。シートconfigのセルB1やB2の色を変えたり、メイン
シートの値を変えたりして実行してみて下さい。なお、値は
2行目～7行目までとしています。

▼**図4-6-3**　**実行結果**

| | A |
|---|---|
| 1 | 値 |
| 2 | 1003 |
| 3 | 2038 |
| 4 | 987 |
| 5 | 899 |
| 6 | 2303 |
| 7 | 778 |

---

**TIPS**

## 背景色のクリア

　メインシートには、もう一つボタンを設置し、A列に設定した背景色をクリアするプロ
グラムを作成しています。この場合は、背景色が設定されていないconfigのRange("B3")
の背景色を利用するでも構いませんし、Interior.ColorIndexにxlNoneを設定する方法で
も構いません。どちらも有効的で一般的な方法です。

---

## ユーザーフレンドリーなプログラム

　背景色に限らず、文字色でもフォントサイズでも、このようなやり方ができま
す。頑張って作ったプログラムを、背景色を変えるためだけに修正するのは、正
直、煩わしさを感じます。加えて、プログラムのユーザーにとっても有効な方法
です。プログラム使用後に、ユーザーから変更依頼があり、作り手の都合で数日

第4章 …… 汎用化・省力化でよりよいプログラムを作るための例題≪中級編≫

待たされて修正されるというのでは、親切ではありません。また、使用している
パソコンやプリンタに依存するので、見づらい色を「仕方のないこと」で済ませる
のは、皆にとって、とてももったいないことです。

　私が実際に手がけたプロジェクトで、特定の値やルールに従い、セルに背景色
を付けるプログラムがありました。

　お客様との打ち合わせの席で、色は環境に左右されること、お客様の自由に色
を設定できることをお話し、とても喜ばれたことがあります。

　また、そういうことに気付き、提案できることで、信頼を得ることにもつなが
ります。

　スクール等でレッスンする際には、この方法はなるべく話すようにしています。

---

**POINT**

　変わる可能性のある情報は、他のシートに設定しておき、それを活用する
という発想があれば、ユーザーには使い勝手のよいプログラムが作れます。

# 4-7 9×9の計算
## ——二重ループの基本

使用ファイル：4-7.xlsm

　Forループの中にもう一つForループを作るプログラムをコーディングする場合、理屈ではわかっていても何かごっちゃになって、「コーディングしているうちにわからなくなる」ということをときどき耳にします。今回は、二重ループを学んでいきます。さらに、条件によって一つのループを抜けたり、全てのループを抜けたりする方法も合わせて解説します。例題として、9マス×9マスの「九九の計算」を行います。

　メインシートに、図4-7-1のような、九九の計算表を用意しました。ボタンを押すと、81マス全てを計算して埋めるプログラムを作成します。なお、A列の「○の段」は、Excelの書式設定で設定しています。例えばセルA2の見た目は「1の段」ですが、実際のセルの値は「1」なので、A列の2行目〜10行目は、数値の1〜9として扱うことができます。

▼図4-7-1　九九の計算表

## 二重ループを作る基本

　プログラム作成に慣れてきたら、これくらいのコードは一気に書けるようになります。今のところは、前章でも触れた「段階的にコーディングする」と取り入れて作成していきましょう。

　二重ループを段階的に考える場合は、まず一つのループ処理を完成させ、正しく作成できたら、もう一つのループ処理を追加していきます。このとき、**最初に**

作るループ処理が、最終的に内側のループになるのか、外側のループになるのかを、事前に考えておきます。どちらの作り方がいいということではなく、ケースバイケースになります。図4-7-2〜3のように、内側のループ処理から作り、その外側にループを追加することもあれば、その逆もあります。

▼図4-7-2 内→外

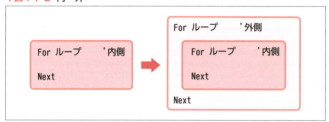

▼図4-7-3 外→内

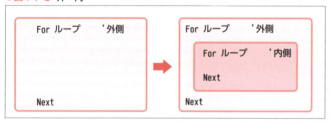

 3-7で学んだ、処理を段階的にコーディングする場合に、内側からでも外側からも作ることがあるというのと一緒ですね。

　前回学んだ「段階的に処理を増やす」の処理の一つが、ループ処理と捉えれば、まったく一緒の考え方です。今回の二重ループは、内側からでも外側からでもコーディングすることが可能です。

## 二重ループの内側からコーディング

　まずは、内側のループ処理を作り、外側のループを追加してプログラムを完成させてみましょう。具体的には、1の段の計算結果を正しく表示することが内側

のループになり、それを9の段まで処理できるようにするのが外側のループです。

▼ Source Code 4-7-a　1の段
```
Private Sub CommandButton1_Click()
Dim retsu As Integer
    For retsu = 2 To 10
        Cells(2, retsu) = Cells(2, 1) * Cells(1, retsu)
    Next retsu
End Sub
```

　Forループのループカウンタ retsu は、2〜9の列番号に対応しており、Cells(2, retsu) に計算結果を表示しています。

セルB2 = セルA2 * セルB1 (1x1)
セルC2 = セルA2 * セルC1 (1x2)
セルJ2 = セルA2 * セルJ1 (1x9) といった具合です。

　結果は、**図4-7-4**のように、正しく表示されました。

▼図4-7-4　1の段まで

|   | A | B | C | D | E | F | G | H | I | J |
|---|---|---|---|---|---|---|---|---|---|---|
| 1 |   | 1 | 2 | 3 | 4 | 5 | 6 | 7 | 8 | 9 |
| 2 | 1の段 | 1 | 2 | 3 | 4 | 5 | 6 | 7 | 8 | 9 |
| 3 | 2の段 |   |   |   |   |   |   |   |   |   |
| 4 | 3の段 |   |   |   |   |   |   |   |   |   |

　1の段で正しく処理できた内容を9の段まで拡張するために、外側にForループを追加します。

　2の段〜9の段まで適応させるとき、1の段との違いは何かを考えます。

1の段は2行目にあるので、「2」という値を1の段から9の段の行番号である3〜10に対応していけばいいのですね。

　その通りです。「2」は2箇所のCellsで使っている「2」と、Forループの初期値でも使用していますが、Forループの「2」は、「2列目」の意味なので、こちらは変化させません。それを踏まえて、コーディングしてみましょう。

第 **4** 章 ········ 汎用化・省力化でよりよいプログラムを作るための例題≪中級編≫

▼ Source Code 4-7-b　9の段まで　　　　　　　　　　　　　4-7.xlsm

```
Private Sub CommandButton1_Click()
Dim retsu As Integer
Dim gyou As Integer
    For gyou = 2 To 10
        For retsu = 2 To 10
            Cells(gyou, retsu) = Cells(gyou, 1) * Cells(1, retsu)
        Next retsu
    Next gyou
End Sub
```

　行番号のための変数gyouを用意し、2行目から10行目まで対応するためにFor
文で2〜10まで変化させます。そして、1の段では2行目限定だったため、Cells
の中では2としていた行番号を、gyouに変えました。

　正しく処理され、**図4-7-5**
のようになりました。

　掛算が正しい値同士で行われ
ていることを確認するために、
A列を10の段〜20の段にし
たり、任意の「○の段」を変えた
りなどしてみて下さい。1行目
各列の乗数を変化させるのも有
効です。

▼図4-7-5　9の段までの結果

| ▲ | A | B | C | D | E | F | G | H | I | J |
|---|---|---|---|---|---|---|---|---|---|---|
| 1 |  | 1 | 2 | 3 | 4 | 5 | 6 | 7 | 8 | 9 |
| 2 | 1 の段 | 1 | 2 | 3 | 4 | 5 | 6 | 7 | 8 | 9 |
| 3 | 2 の段 | 2 | 4 | 6 | 8 | 10 | 12 | 14 | 16 | 18 |
| 4 | 3 の段 | 3 | 6 | 9 | 12 | 15 | 18 | 21 | 24 | 27 |
| 5 | 4 の段 | 4 | 8 | 12 | 16 | 20 | 24 | 28 | 32 | 36 |
| 6 | 5 の段 | 5 | 10 | 15 | 20 | 25 | 30 | 35 | 40 | 45 |
| 7 | 6 の段 | 6 | 12 | 18 | 24 | 30 | 36 | 42 | 48 | 54 |
| 8 | 7 の段 | 7 | 14 | 21 | 28 | 35 | 42 | 49 | 56 | 63 |
| 9 | 8 の段 | 8 | 16 | 24 | 32 | 40 | 48 | 56 | 64 | 72 |
| 10 | 9 の段 | 9 | 18 | 27 | 36 | 45 | 54 | 63 | 72 | 81 |

## 二重ループの外側からコーディング

　では今度は、コーディングの順序を逆にし、外側のループ処理から作る手順を考
えてみましょう。今までの流れを踏まえれば、発想は容易にできるかと思います。
変数の宣言などは省略しますが、1の段〜9の段までのForループを作ります。

```
For gyou = 2 To 10

Next gyou
```

次に、掛算の処理は省略して、内側のForループだけを書いてみます。

```
For gyou = 2 To 10
    For retsu = 2 To 10

    Next retsu
Next gyou
```

あとは、行番号を扱うgyouと列番号を扱うretsuを用いて掛算の処理を、正しいセルに書き出す1文をコーディングすれば完成です。

---

**TIPS**

### 二重ループは作りやすいほうから

二重ループは、まずどちらかのループを完成させ、変化する値を変数で扱えばそれほど難しいコーディングではありません。内側から作る場合は、まずそれを完成して広げるイメージ、外側から作る場合は、骨格を形成して詳細を詰めていくイメージです。

---

## 二重ループの内側だけを抜ける

では、二重ループを抜けることを考えていきましょう。二重ループを抜ける場合は、内側のループを抜ける場合と、二重ループ全体を抜ける場合が考えられます。まずは、内側のループだけを抜け、外側のループは引き続き処理します。

例として、九九の計算を各段で行い、掛算の結果が30を超えたらその段の計算をやめ、次の段の処理に移動することにします。つまり、1の段〜3の段までは全て表示し、4の段は4×7まで、5の段は5×6までということになります。

▼Source Code 4-7-c 各段30まで　　　　　　　　　　4-7.xlsm
```
Private Sub CommandButton2_Click()
Dim retsu As Integer
Dim gyou As Integer
Dim kukuVal As Integer
    For gyou = 2 To 10
        For retsu = 2 To 10
            kukuVal = Cells(gyou, 1) * Cells(1, retsu)
            If kukuVal > 30 Then Exit For
            Cells(gyou, retsu) = kukuVal
        Next retsu
    Next gyou
End Sub
```

演算結果を表示する前に、一度変数kukuValに代入し、30を超えていたらExit Forをしています。Exit Forはそのステップを包んでいる一番内側のForループを抜けるだけなので、外側のForループの続きを処理します。Next retsuの次に進むわけです。

▼図4-7-6 実行結果

| | A | B | C | D | E | F | G | H | I | J |
|---|---|---|---|---|---|---|---|---|---|---|
| 1 | | 1 | 2 | 3 | 4 | 5 | 6 | 7 | 8 | 9 |
| 2 | 1の段 | 1 | 2 | 3 | 4 | 5 | 6 | 7 | 8 | 9 |
| 3 | 2の段 | 2 | 4 | 6 | 8 | 10 | 12 | 14 | 16 | 18 |
| 4 | 3の段 | 3 | 6 | 9 | 12 | 15 | 18 | 21 | 24 | 27 |
| 5 | 4の段 | 4 | 8 | 12 | 16 | 20 | 24 | 28 | | |
| 6 | 5の段 | 5 | 10 | 15 | 20 | 25 | 30 | | | |
| 7 | 6の段 | 6 | 12 | 18 | 24 | 30 | | | | |
| 8 | 7の段 | 7 | 14 | 21 | 28 | | | | | |
| 9 | 8の段 | 8 | 16 | 24 | | | | | | |
| 10 | 9の段 | 9 | 18 | 27 | | | | | | |

これはすごくよくわかります。一方、1の段から順に計算していき、ある計算で30を超えたら二重ループを一気に抜ける場合は、Next retsuのあとに、同じようにIf kukuVal > 30 Then Exit Forのステップを書けばいいんですね。

その通りです。計算結果がkukuValにあるので、この値を使って、どこでExit Forをするかを考えれば、正しくForループを抜けることができます。

## 二重ループを全て抜ける

では、次のようなケースを考えてみましょう。

1の段から順に計算をしていき、計算結果が40を超えた場合、とりあえずその段の計算は最後まで表示し、次の段以降の処理はしない。また、1行目の乗数は1から9まで順に並んでいるわけではない前提とします。

つまり、ある計算で結果が40を超えたとしても、その段は最後まで計算して表示するので、最後の計算結果が40以下になる可能性もあり、kukuValの値で外側のForループを抜ける判断をすることができないということになりますね。

こういう場合は、前章で学んだフラグを立てる方法を採用しましょう。

▼ Source Code 4-7-d　40を超えたら次行以降処理しない　　4-7.xlsm

```
Private Sub CommandButton3_Click()
Dim retsu As Integer
Dim gyou As Integer
Dim kukuVal As Integer
Dim flag As Boolean
    flag = False
    For gyou = 2 To 10
        For retsu = 2 To 10
            kukuVal = Cells(gyou, 1) * Cells(1, retsu)
            If kukuVal > 40 Then flag = True
            Cells(gyou, retsu) = kukuVal
        Next retsu
        If flag Then Exit For
    Next gyou
End Sub
```

計算結果が40を超えたかどうかの判断を変数flagで判断します。flagの初期値はFalseで40を超えたらTrueを代入しますが、内側のForループを抜けることなく、最後の列まで計算しています。内側のループが1行分終わった段階で、flagの値がTrueに

▼図4-7-7 実行結果

| | A | B | C | D | E | F | G | H | I | J |
|---|---|---|---|---|---|---|---|---|---|---|
| 1 | | 1 | 2 | 3 | 4 | 5 | 6 | 7 | 8 | 9 |
| 2 | 1の段 | 1 | 2 | 3 | 4 | 5 | 6 | 7 | 8 | 9 |
| 3 | 2の段 | 2 | 4 | 6 | 8 | 10 | 12 | 14 | 16 | 18 |
| 4 | 3の段 | 3 | 6 | 9 | 12 | 15 | 18 | 21 | 24 | 27 |
| 5 | 4の段 | 4 | 8 | 12 | 16 | 20 | 24 | 28 | 32 | 36 |
| 6 | 5の段 | 5 | 10 | 15 | 20 | 25 | 30 | 35 | 40 | 45 |
| 7 | 6の段 | | | | | | | | | |
| 8 | 7の段 | | | | | | | | | |
| 9 | 8の段 | | | | | | | | | |
| 10 | 9の段 | | | | | | | | | |

なっていたら、外側のForループを抜けるためにExit Forをしています。結果は**図4-7-7**のようになりました。1行目の乗数を変えて色々試してみて下さい。

---

### 注意

## マスをクリア

　実際のサンプルファイルのソースコードには、計算結果を表示するエリアをクリアしてから表示するようにしています。areaClearという関数を作成し、各ボタンの処理の最初に呼び出して実行しています。

---

### POINT

　二重ループをコーディングするには、実処理を伴う内側のForループを作成してから外側のForループを作るか、骨格形成からの外側のForループから作っていくかの2通りがあり、どちらを採用するかはケースバイケースです。どちらにするにしても、変化する行や列などの値を変数で処理することが基本形です。

# 4-8

## 重複語句を調べる
—— コードの無駄を省く

使用ファイル：4-8.xlsm

重複データを見つける、ダブリを検索するという処理は、まさにプログラムで行う処理の真骨頂とも言えます。膨大なデータの中から「何が」「いくつ」あるかを一瞬で調べることができます。

**図4-8-1**のように、キーワードが数千行あるとして処理を考えていきましょう。

「VBAで重複を調べる」と、インターネットで検索すると、Findメソッドを使う方法や、ワークシート関数のCOUNTIFを使うやり方が紹介されるかもしれません。今回は、Findメソッドは使用しません。仮に使ったとしてもソースコードが大幅に簡素化されるわけでもありませんし、本書は「やりたいことをコード化する発想の基礎」を学ぶ目的だからです。

▼図4-8-1　キーワード

| | A |
|---|---|
| 1 | キーワード |
| 2 | システム戦略 |
| 3 | ソリューションビジネス |
| 4 | セキュリティ関連法規 |
| 5 | 経営戦略マネジメント |
| 6 | マーケティング |
| 7 | 経営管理システム |
| 8 | e-ビジネス |
| 9 | システム戦略 |
| 10 | ソリューションビジネス |
| 11 | 要件定義 |
| 12 | システム開発技術 |
| 13 | 開発プロセス・手法 |
| 14 | 経営管理システム |
| 15 | プロジェクトマネジメント |
| 16 | サービスサポート |
| 17 | システム監査 |
| 18 | 応用数学 |

重複データをチェックするというロジックは、前章で取り上げた「最大値を見つける」ことや、今後紹介する「データの並び替え」と並んで、プログラミングで大切な基本的アルゴリズムなので、この例題を元にしっかりと学んでいきましょう。

## 処理イメージを描く

やりたいことを具現化するには、頭に浮かんだイメージを図にしてみるのが効果的であることは、すでに紹介しました。今回も図を作成してみましょう。図にするには、イメージをなるべく鮮明にしておく必要があるので、処理に必要と思われることを、一度整理してみましょう。

まずは、A列のキーワードの最初から最後までについて、一つずつ順に取り出して、A列に同じものがあるかどうかをチェックするというのが大前提だという

ことがわかりますね。

そこは大丈夫です。データの最終行がN行目だとしたら、2行目からN行目までのループが必要になります。

取り出したキーワードが重複しているかどうかは、どう判断しましょうか。

やはり、2行目からN行目までをループでチェックして、同じキーワードがあるかどうかを調べます。

調べるというのは、あるかないかを調べるのか、あった数を数えるのか、具体的にはどういう処理になりますか。

あるかないかならフラグを立てればよくて、あった数を数えるならカウントしていくことになるので、あるかないかのフラグを立てるのはどうでしょうか。

2行目の「システム戦略」というキーワードを、2行目からN行目まであるかないかを調べると、2行目で「あり」になりフラグが立ちます。他のキーワードについても同じことが言えますね。つまり、自分自身と必ず比較して一致するからです。

では、各キーワードについて、数を数えることにします。自分自身が必ずカウントされるので、一致したキーワード数が2以上なら重複してることになります。

つまり、2行目の「システム戦略」を2行目からN行目まで一致するかどうかを調べたとき、必ず2行目でカウントされるので、他の行に「システム戦略」があれば2以上になり、「システム戦略」というキーワードは重複していると判断できるということですね。

はい。

重複している場合、そのあとの処理はどうしましょうか。

 B列に書き出します。

書き出すときの行番号はどうしましょうか。

 **重複しているキーワードがあれば、B列の2行目から順に書き出すようにしたいので、そのための行番号を扱う変数を用意します。**

仮に、その変数をlineNoBとすると、初期値は2で書き出すごとに1ずつ増やしていくと言うことですね。

 その通りです。

今までのやり取りをまとめると、**図4-8-2**のようになります。この続きは、取り出したキーワードが重複チェックで一致した数を数えた結果、2以上だったらB列に順に書き出せばいいということになりますね。

▼図4-8-2 重複チェックの考え方

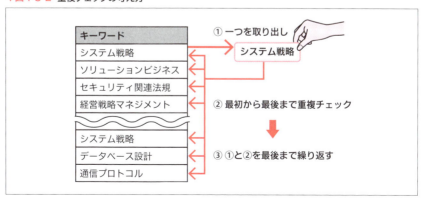

順にキーワードを取り出す①の処理のForループ、それを②の重複チェックするためのForループが必要になり、二重ループになりますね。

では、B列に書き出すロジックは省略して、図4-8-2に沿って、各キーワードがいくつカウントされたかをDebug.Printでイミディエイトウィンドウに出力するところまでをコーディングしてみましょう。やはりここでも有効的なのは、段階的コーディングです。

▼ Source Code 4-8-a　重複数をDebug.Printまで

```
Private Sub CommandButton1_Click()
Dim i As Integer
Dim j As Integer
Dim keyword As String
Dim cnt As Integer
Dim lastrow As Integer
    'データの最終行
    lastrow = Range("A1").End(xlDown).Row
    For i = 2 To lastrow
        keyword = Cells(i, "A")
        cnt = 0
        For j = 2 To lastrow
            If Cells(i, "A") = Cells(j, "A") Then cnt = cnt + 1
        Next j
        Debug.Print keyword & ":" & cnt & "個"
    Next i

End Sub
```

二重ループになっています。外側のループは、キーワードを一つずつ取り出すためのループ、内側のループは、取り出したキーワードの重複をチェックするためのループです。内側のForループに入る前に、キーワードを変数に代入し、一致するキーワードを数える変数cntを0にしています。内側のForループに入る前に、毎回カウント数を0で初期化していることになります。また、データの最終行は、セルA1のEndプロパティを使って最初に調べています。

実行結果は、**図4-8-3**のように、イミディエイトウィンドウに表示されました。結果も合っています。

あとは、cntが2以上になったキーワードを、順にB列に書き出せば完成でしょうか。

▼図4-8-3　実行結果

上から順にキーワードを取り出し、重複を確認したので、あとはB列に書き出すだけです。

では、この結果をB列に出すとどんな順になりますか。

cntが2以上になったものが対象なので、まずは「システム戦略」、次いで「ソリューションビジネス」、その次が「経営管理システム」、さらにその次が、あぁ…　ここですでにB列に表示した「システム戦略」がダブって表示されることになるのですね。

「システム戦略」は、A列に2行目、9行目、26行目と3回登場しますので、それぞれで重複チェックが行われるからですね。

## すでに書いたものは書かない

同じキーワードを何度もB列に書き出さないためには、どうすればいいでしょうか。まず思い付くのは、B列に書き出す際に既出かどうかを調べることでしょう。

B列に書き出す実処理を関数で作成します。引数としてキーワードを渡し、関数内で既出かどうか、つまりB列に追加して書いていいかどうかを判断することにします。また、変数cntも引数にし、C列にそのキーワードが何回重複したかがわかるようにします。メインロジックでは、Debug.Printの代わりにその関数を呼び出します。その際に、重複があった場合だけ関数を呼び出しますので、

第 **4** 章 ......... 汎用化・省力化でよりよいプログラムを作るための例題≪中級編≫

Debug.printの1文は次のように変更します。関数名はoutWordです。

```
If cnt > 1 Then
    Call outWord(keyWord, cnt)
End If
```

　さらに、outWordを呼び出すたびにB列の何行目に書くのかを扱う変数lineB
を外部変数で宣言し、処理が終わるまで値を保持し続けるようにします。lineBの
初期値は、メインロジックで処理の最初に「2」にしておきます。
　また、重複キーワードを書き出すB列、何回重複しているかを書き出すC列を、
メインロジックの最初にクリアするように処理を追加しています。

▼ **Source Code outWord**　　　　　　　　　　　　　　　　　4-8.xlsm

```
'B列にキーワードを書き出す
Private Sub outWord(kWord As String, counter As Integer)
Dim i As Integer
Dim flag As Boolean
    flag = False
    For i = 2 To lineB - 1
        If Cells(i, "B") = kWord Then
            flag = True
            Exit For
        End If
    Next i
    If Not flag Then
        Cells(lineB, "B") = kWord
        Cells(lineB, "C") = counter
        lineB = lineB + 1
    End If
End Sub
```

　実行すると、**図4-8-4**のように、四つのキーワー
ドがB列に書き出されました。

▼**図4-8-4 実行結果**

| B | C |
|---|---|
| システム戦略 | 3 |
| ソリューションビジネス | 2 |
| 経営管理システム | 2 |
| サービスサポート | 2 |

## TIPS
### 外部変数

　関数内で宣言した変数は、関数を抜けるたびに値がリセットされます。前回呼び出されたときに設定した値を保持したままにする場合は、外部変数として宣言します。宣言位置は「Option Explicit」のすぐ下で行います。

 これで、この課題は完了ですね。

　実行結果が正しく表示され、ソースコードも無駄がないように思えます。ですが、もっといいやり方があるようには思いませんか。

 outWordは、重複していないキーワードのときは呼び出さないようになっているし、outWord内では、すでに書き出されたキーワードは書かないようにチェックしていますよね。

## すでにチェックしたキーワードはチェックしない

　そのキーワードがすでに書かれているかのチェックが無駄で、それ以前に、すでにチェックされたキーワードを再度チェックすることが無駄なことだと気付けば、それらの無駄を省くようなコードを考える方向に持っていけます。

「システム戦略」は2行目で重複チェックを行うので、9行目、26行目では、重複チェックすることなく、B列への書き出しの対象外とすればいいわけですね。

　これは、いかに簡素化したソースコードが書けるかの発想、思い付きです。私がプロジェクトリーダで、プログラマ数人と仕事をしているとします。経験2，3年目のプログラマでしたら、「すでに書いたものは書かない」までのプログラムで良しとするでしょう。しかし、経験が4、5年以上のプログラマが、同じプログ

ラムを作成した場合、もう少し無駄のないプログラムにするために、もっと考えるようにコーチングするでしょう。

　本書を読まれている方は、プログラマやSEを目指しているわけではないので、ここまでのoutWordが書けるようになれば十分だとは思います。しかし、プログラムを作る奥深さ、楽しさを知ってもらい、発想力を身に付けるために「すでにチェックしたキーワードはチェックしない」という方法を紹介します。

 具体的にはどのようにするのでしょう。まったく思い付きません。

　Source Code 4-8-aの二重ループの内側のForループは、取り出したキーワードとの重複をチェックしています。重複していたら、cnt = cnt + 1をしていますが、このときに、重複している行にフラグを立てます。つまり、2行目の「システム戦略」をチェックするときには、9行目と26行目にフラグが立つことになります。

　そして、外側のForループでキーワードを取り出す前に、その行のフラグをチェックし、フラグが立っていたら、キーワードの取り出しや内側のFor文、outWordの呼び出しを行わないようにすることで、「すでにチェックしたキーワードはチェックしない」が実現できます。フラグを立てるのは、D列を利用しましょう。

▼ Source Code 4-8-b　　　　　　　　　　　　　　　4-8.xlsm
```
Private Sub CommandButton2_Click()
Dim i As Integer
Dim j As Integer
Dim keyWord As String
Dim cnt As Integer
Dim lastrow As Integer
    lineB = 2                           'B列の先頭行
    Columns("B:C").ClearContents        'BC列クリア
    'データの最終行
    lastrow = Range("A1").End(xlDown).Row
    For i = 2 To lastrow
        If Cells(i, "D") = "" Then      'フラグOFF
```

```
            keyWord = Cells(i, "A")
            cnt = 0
            For j = 2 To lastrow
                If Cells(i, "A") = Cells(j, "A") Then
                    cnt = cnt + 1
                    Cells(j, "D") = 1
                End If
            Next j
            If cnt > 1 Then
                Call outWord2(keyWord, cnt)
            End If
        End If
    Next i
    Columns("D:D").ClearContents    'D列クリア
End Sub
```

　実行すると、Source Code 4-8-aと同じになります。プログラムの最終行で、
D列のフラグをクリアしています。

　外側のForループでキーワードを取り出す前に、D列に設定されている「フラグ
が立っていたら以降の処理を行わない」は、「フラグが立っていなかったら以降の
処理を行う」というIf文になっていることに注意して下さい。

　また、outWordでは、すでにB列に書かれているかどうかのチェックが必要な
くなりますので、outWord2を作成し、その部分を削除し、Source Code 4-8-b
では、outWord2を呼び出しています。outWord2が3行だけと、かなり簡素化
されましたので、その3行をメインロジックでoutWord2を呼び出している箇所
に書けば、outWord2を使わないという選択もできます。

▼ **Source Code outWord2**　　　　　　　　　　　　　　　　　　4-8.xlsm
```
'B列にキーワードを書き出す 4-8-b対応版
Private Sub outWord2(kWord As String, counter As Integer)
Dim i As Integer
    Cells(lineB, "B") = kWord
    Cells(lineB, "C") = counter
    lineB = lineB + 1
End Sub
```

第**4**章 ········ 汎用化・省力化でよりよいプログラムを作るための例題≪中級編≫

　今回の例題では、A列のキーワードは30語程度なので、Source Code 4-8-a
でもSource Code 4-8-bでも処理速度の違いを感じることはありません。しか
し、何万行といったデータを扱ったり、その中で重複キーワードがかなり多く存
在したりする場合には、明らかにSource Code 4-8-bのほうが処理が早いでしょ
う。

**無駄な処理のないコーディングは、処理スピードを大きく左右します。**

---

### TIPS

## フラグの確認

　実行結果が同じなので、Source Code 4-8-bはうまくいったことになりますが、もし、
フラグを立てたことを確認するなら、外側のFor文の「To lastrow」を「to 2」として、2行
目だけを処理するようにし、最後D列に対するClearContentsをコメントにするなどし
て、実行させないようにします。すると、2行目、9行目、26行目にフラグが立ったこと
が確認できます。

---

### POINT

　やりたいことを、言葉にしながら図にすることで、ソースコードのイメー
ジが具現化してきます。その際、なるべく具体的な表現を用いるようにしま
す。

　さらに、無駄な処理をしないプログラムを考えてみることで、プログラミ
ングのセンスが磨かれます。

使用ファイル：4-9.xlsm

# 全てのチェックボックスのON/OFF切り替え
――力技でなくスマートに

　今回の例題では、ユーザーフォームに設置されたコントロールのうち、チェックボックスの操作を学んでいきます。

　シート上にあるボタンをクリックすると、図4-9-1のようなフォームが開くとします。このフォームの名前は「UserForm1」にしました。

　UserForm1にはチェックボックスが複数あり、「関東地方」と関東地方の「一都六県」が選択できるようになっています。

　「関東地方」をONにすると一都六県全てがON、OFFにすると全てがOFFになる処理を考えていきましょう。

▼図4-9-1　UserForm1

　なお、各チェックボックスのオブジェクト名は「関東地方：CheckBox0」で、「東京都：CheckBox1」～「茨城県：CheckBox7」となっています。

## チェックボックスの基礎

 よく見かける処理というか、動きですよね。きっと何かいい方法があるとは思っていましたが思い付かず、いつもCheckBox1～CheckBox7まで値を設定していました。

　まず、基本的なことから解説します。
　CheckBox0がON／OFFに切り替わったときのソースコードを記述するのは、Changeイベントです。CheckBox0のON／OFFはMe.CheckBox0.Valueで取

得・設定でき、Valueは省略して記述しますので、Me.CheckBox0になります。

CheckBox1〜CheckBox7まで値を設定するという、いわば力技とも言える
ソースコードは、おそらくこんな感じになるのではないでしょうか。

▼ Source Code [CheckBox0_Change その1]　　　　　　　　　　`4-9.xlsm`

```vb
Private Sub CheckBox0_Change()
    If Me.CheckBox0 = True Then
        Me.CheckBox1 = True
        Me.CheckBox2 = True
        Me.CheckBox3 = True
        Me.CheckBox4 = True
        Me.CheckBox5 = True
        Me.CheckBox6 = True
        Me.CheckBox7 = True
    Else
        Me.CheckBox1 = False
        Me.CheckBox2 = False
        Me.CheckBox3 = False
        Me.CheckBox4 = False
        Me.CheckBox5 = False
        Me.CheckBox6 = False
        Me.CheckBox7 = False
    End If
End Sub
```

もしくは、CheckBox1〜CheckBox7の値は、CheckBox0の値そのままでい
いので、If文で分ける無駄に気付き、

▼ Source Code [CheckBox0_Change その2]　　　　　　　　　　`4-9.xlsm`

```vb
Private Sub CheckBox0_Change()
    Me.CheckBox1 = CheckBox0
    Me.CheckBox2 = CheckBox0
    Me.CheckBox3 = CheckBox0
    Me.CheckBox4 = CheckBox0
    Me.CheckBox5 = CheckBox0
    Me.CheckBox6 = CheckBox0
    Me.CheckBox7 = CheckBox0
End Sub
```

とするのがせいぜいではないでしょうか。

 まさにその通りです。最初のうちは「その1」のやり方でソースコードを書いていて、If文の無駄を指摘されて「その2」のようにコーディングしたことがあります。これで、ずいぶん簡素化できたと思ったのを覚えています。

この例では、一都六県なので、チェックボックスも7個で済んでいますが、もし47都道府県を扱うようになったら、CheckBox1〜CheckBox47まで記述することになりますね。

 確かに、無駄と言うより大変ですし、何かいい方法がありそうな気がします。

## Controlsコレクションの活用

ExcelのVBAでは、コントロールを配列のように扱うことはできません。**しかし、Controlコレクションというものがあり、これを有効に使うことで、ソースコードを簡素化できます。** Controlコレクションを使い、同じ処理をするコードを書いてみます。

▼ Source Code [CheckBox0_Change]　　　　　　　　　　　4-9.xlsm

```
Private Sub CheckBox0_Change()
Dim i As Integer
    For i = 1 To 7
        Me.Controls("CheckBox" & i) = Me.CheckBox0
    Next i
End Sub
```

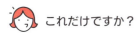 これだけですか？

第 **4** 章 ......... 汎用化・省力化でよりよいプログラムを作るための例題≪中級編≫

　はい。これだけでOKです。チェックボックスが50個になっても100個になっても、For文のToの値を変えるだけで済みます。ミソは、**チェックボックスのオ****ブジェクト名を「CheckBox」プラス連番にしておくことです。**「CheckBox」の部分は任意の文字列で構いません。その文字列とForのループカウンタを結合してオブジェクト名にし、Controlコレクションのメンバーとして使用します。

　Controlコレクションは、フォーム上にある全てのコントロールをメンバーにもつコレクションですので、OptionButtonでもCheckBoxでも扱うことができます。

---

### POINT

　プログラムを作成するという作業は、エラーチェックであったり、さまざまな条件処理をコーディングしたりという、割と地味な作業が多いものです。しかし、それと無駄なステップを延々と書くことは別です。コーディングしていて無駄だと感じるコードには、「何かいい方法があるはず」と思うことが、解決方法を見つけることにつながります。

# 4-10

使用ファイル：4-10.xlsm

## 他のExcelファイルのデータを扱う
―― いろんなチェックが必要

　今回の例題では、他のExcelファイルのデータを読み込む処理を学んでいきます。他のファイルを扱うことは業務でも頻繁に行われることであり、この処理を身に付けることで、業務に活かせるプログラムへの発想の幅が広がります。

　図4-10-1のようにシートにあり、商品コードを入力し、ボタンを押すと、商品名を表示するようにします。

▼図4-10-1　商品名表示

　商品データは、4-5で使用した「4-5.xlsm」を使用します。「商品マスタ」というシートに、図4-10-2のようなレイアウトでデータがあります。4-5.xlsmをデータファイルと呼ぶことにしましょう。

▼図4-10-2　商品データ

## どんなチェックが必要なのか

　こういう処理やデータの使い方は、私の部署ではよくあることなので、とても使い勝手がいいプログラムになりそうです。

　まず、どんな処理になり、どんなことを考えなければならないでしょうか。

　データファイルを開き、商品マスタのシートから、セルB1に入力されたコードを探すことになるので、セルB1が未入力や間違ったコードへの対処がまず必要になると思います。

　セルB1が未入力かどうかは、コードの最初でチェックしますが、入力された商品コードが正しいかどうかは、データファイルを開いたあとのロジックになり

ますね。他に考えておくべきことは思い付きますか。

 もし、データファイルが無かったらとか、データファイルがPC上のどこにあるのかということでしょうか。

その通りです。他のファイルをプログラムで開く場合、データファイルがどこにあるのか、ファイルがなかったらどういう処理になるのか、Excelファイルなら、どのシートにあるのかということを気にしなければなりません。

 最低限、決めておくべきことはどんな点でしょうか。

まずは、当然のことながらデータファイル名と、データがあるシート名です。さらにデータファイルの保存先フォルダも決めておく必要があります。

データファイルの保存先フォルダですが、これは、ドライブ名からのフルパスで指定するか、もしくは、プログラム本体と同じ場所、もしくは、同じ場所にあるフォルダの下にあるなら、そのフォルダ名で構いません。

VBAは、実行中のプログラム本体が保存されているフォルダのフルパスを知ることができますので、その中にあるフォルダ名とデータファイル名で、データファイルまでのフルパスを組み立てられます。

---

**TIPS**

### データファイルをユーザが指定する場合

複数のデータファイルがあり、ユーザにファイルを指定してもらう場合は、Applicationオブジェクトの GetOpenFilename メソッドが便利です。

記述は、tgtFileName = Application.GetOpenFilename("Microsoft Excelブック,*.xls*") が、最も簡単な使い方で、指定した拡張子に該当するファイルの一覧を表示します。

指定するファイルのタイプは拡張子で指定します。「*.xls*」としていますので「.xls」「.xlsx」「.xlsm」が対象となります。

戻り値はString型で、ファイルへのフルパスを返します。

キャンセルや×ボタンでダイアログを閉じたときには、Falseが返ります。

## 段階的開発　まずは、全てうまくいく前提から作る

いくつかの決め事は、社内のルールとしてや、このプログラムを使用する自分たちで決めておけばいいわけですね。

　プログラム本体は「4-10.xlsm」、データファイルは「4-5.xlsm」、データシートは「商品名」、4-5.xlsmがあるフォルダは、4-10.xlsmと同じフォルダということに決めました。
　段階的にコーディングしていきますが、さまざまなチェックはひとまず置いておいて、まずはデータファイルは必ず存在する、対象のシートも必ずあるという前提で作ることから始めてみましょう。

▼ Source Code 4-10-a　　　　　　　　　　　　　　　　　　　　4-10.xlsm
```vb
Private Sub CommandButton1_Click()
Dim crtFolder As String
Dim dfName As String
Dim itemCode As String
Dim itemName As String
Dim i As Integer
    itemCode = Range("B1")
    itemName = ""
    '自分が置かれているフォルダ名取得
    crtFolder = ActiveWorkbook.Path
    'データファイル名組み立て
    dfName = crtFolder & "\" & "4-5.xlsm"
    'ファイルを開く
    Workbooks.Open dfName
    
    With ActiveWorkbook.Sheets("商品マスタ")
        For i = 2 To 200
            If .Cells(i, "A") = "" Then Exit for
            If .Cells(i, "A") = itemCode Then
                itemName = .Cells(i, "B")
                Exit For
            End If
```

```
        Next i
    End With
    'データファイルを閉じる
    Workbooks("4-5.xlsm").Close
    Range("B2") = itemName
End Sub
```

ActiveWorkbook.Pathで、プログラム本体が置かれているフォルダがフルパスで取得できます。コードでは、この値を変数crtFolderに入れ、データファイル名である「4-5.xlsm」を「¥」と共につなげて、データファイル名をフルパスでdfNameに入れてあります。

もし、データファイルが「data」というフォルダの下にあるなら、「dfName = crtFolder & "¥data¥" & "4-5.xlsm"」とすればいいわけです。

一方、開いたファイル閉じるときは、WorkbookオブジェクトのCloseメソッドを使用します。**他のファイルを開くときはフルパスでファイルを指定し、閉じるときは、ファイル名だけと覚えておいて下さい。**

## 実務レベルのプログラムに仕上げる

セルB1に「SKK–001」を入力して実行すると、商品名には「プリンターインク」と正しく表示されます。

 このソースコードに、さまざまなチェックを追加していくわけですね。

セルB1の商品コードが未入力で実行すると、itemNameへの初期値として代入したブランク値が表示されることになりますので、商品名もブランクになります。ですが、「データファイルを開いて、商品コードを探す」という処理が無駄ですので、モジュールの一番最初に、商品コードがブランクの場合への処理を追加します。

▼Source Code 4-10-b　商品コード未入力追加　　　　　　　　　4-10.xlsm

```
'商品コード未入力
If Range("B1") = "" Then
    Range("B2") = ""
    Exit Sub
End If
```

 このコードは、今まで同様のものを何度も見ているので、すぐにコーディングできます。

仮に、誤った商品コードを入力して実行した場合は、該当するデータがないので、商品名はブランクになります。これでOKとするか、「商品コードがありません」などのエラーメッセージを表示させるかは、このプログラムがどのように使用されるかによって、判断していくことになります。

では、データファイルが開けなかったら、どういうエラーが起こるのかを確認してみます。

データファイル4-5.xlsmの名前を変えて実行した結果が、**図4-10-3**です。システムのエラーメッセージが表示され、「デバッグ」を選ぶと、VBE画面に切り替わり、エラー箇所が表示されます。これでは、よくありません。

▼図4-10-3　データファイルがないときのエラー

これを回避するための考え方としては、**まずデータファイルがあるかを確認し、有れば処理、無ければエラーメッセージなどで対応するのが、オーソドックスなやり方になります。**コーディングしてみましょう。

▼ Source Code 4-10-c　データファイルの有無確認追加　　　　　　　4-10.xlsm

```
'データファイルの有無確認
If Dir(dfName) = "" Then
    MsgBox "データファイルが見つかりません", vbCritical, "ERROR"
    Exit Sub
End If
```

VBAで用意されているDir関数は、フルパスのファイル名を引数として渡すと、ファイルが無かった場合、ブランクを返します。

実行すると、図4-10-4のように、Msgboxが表示されました。

▼図4-10-4　データファイルがないときの対応

次に対処するのは、データファイルを開いたあと、目的のシートがあるかどうかですね。

もし、データファイルの4-5.xlsmに「商品マスタ」というシートが存在しなければ、図4-10-5のようなシステムエラーが起こります。

▼図4-10-5　対象シートがないときのエラー

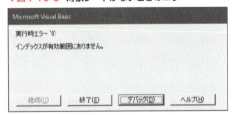

開いたデータファイルのシートに「商品マスタ」があるかどうかは、どうやって判断すればいいのでしょうか。

VBAのWorksheetsコレクションには、Countというプロパティがあり、対

象のExcelファイルにシートがいくつあるかを知ることができます。さらにNameプロパティで、各シートの名前を取得することもできます。

次のソースコードを、Source Code 4-10-aのWorkbooks.Open dfNameの次に挿入すれば、4-5.xlsmの全てのシート名がイミディエイトウィンドウに表示されます。

▼ Source Code 4-10-d　データファイルの有無確認追加　`4-10.xlsm`

```
For i = 1 To Workbooks("4-5.xlsm").Sheets.Count
    Debug.Print Workbooks("4-5.xlsm").Sheets(i).Name
Next i
```

では、このForループの中で、Sheets(i).Nameが「商品マスタ」と一致していたらフラグを立てるなどして、「商品マスタ」というシートの有無が確認できるわけですね。

▼図4-10-6　4-5.xlsmのシート一覧

### TIPS
### 各コレクションのプロパティを有効に使う

VBAでは、シートに対するCountやNameといったプロパティなど、発想とコーディングに便利なものが、たくさん用意されています。「こんなものがあれば便利」というものは、書籍やインターネットなどで調べると、大抵のものは参考になる何かが出てきます。

4-5.xlsmを開いたあとに、「商品マスタ」の有無チェックと、無かった場合の処理を追加しましょう。

▼ Source Code 4-10-e　商品マスタのチェック　`4-10.xlsm`

```
'「商品マスタ」の有無チェック
flag = False
For i = 1 To Workbooks("4-5.xlsm").Sheets.Count
    If Workbooks("4-5.xlsm").Sheets(i).Name = "商品マスタ" Then
        flag = True
```

```
            Exit For
        End If
    Next i
    '無かった処理
    If Not flag Then
        Workbooks("4-5.xlsm").Close
        MsgBox "「商品マスタ」シートがありません", vbCritical, "ERROR"
        Exit Sub
    End If
```

変数Flagは、Boolean型で宣言してあります。

商品マスタが無ければ、Exit Subで処理を抜けますので、開いたファイルをCloseすることを忘れないようにしましょう。

 商品コードの未入力、データファイルの有無、対象のシートのチェックと、さまざまなエラーの処理を組み込んだので、もう他に気にすることはないですか。

正しく動くプログラムを作成したあと、まだ何かケアする処理はないかと考えることは、とてもよいことです。そういう積み重ねが、発想力を養い、プログラミングスキルを向上させます。

結論から言うと、まだ対処しなければならないことがあります。それは、すでにデータファイルが開かれている場合です。開こうとする他のExcelファイルがすでに開かれていて、編集中の場合は、Excelのバージョンによって違いはありますが、読み込めたり、二重に開くことへの警告メッセージが出たりなど、動作に違いが生じます。

いずれにしても、**データファイルが開かれていない状態でプログラムを実行すべきなので、その対処を行います。**

 WorksheetsコレクションでCountプロパティを使って、シートの数が取得できるように、何か簡単な方法があるのでしょうか。

Workbooksコレクションにも、Countプロパティがあり、これを使うことで開いているExcelファイルの数がわかります。実行しているExcelファイルを含めてのファイル数になるので、自分以外のExcelファイルが開かれていない場合は1になります。

　次のコードを、ソースの最初に追加しましょう。

▼ Source Code 4-10-f 他のファイルのチェック　　　4-10.xlsm

```
If Workbooks.Count <> 1 Then
    MsgBox "他のExcelファイルを閉じてから実行して下さい", vbCritical, ➡ "ERROR"
Exit Sub
```

> **TIPS**
> **開いている他のExcelファイルの一覧**
>
> 他のExcelファイルが開かれていても、4-5.xlsmが含まれていなければ処理を続行させるには、WorkbooksコレクションのNameプロパティを使います。
> 次のコードは、開かれているExcelファイルの一覧をイミディエイトウィンドウに表示するコードです。
>
> ```
> For i = 1 To Workbooks.Count
>     Debug.Print Workbooks(i).Name
> Next i
> ```
>
> これを参考に、シートの中から「商品マスタ」を調べたときと同じように、Flagを使って4-5.xlsmが開かれているかどうかを調べることができます。

## Excel VBA特有のOn Errorを使う

　データファイルを開いて処理を行うのに、色々チェックが必要だというのは、結構大変ですね。

　あらゆるケースを想定してコーディングするのが、プログラミングの基本です。

第 **4** 章 ……… 汎用化・省力化でよりよいプログラムを作るための例題≪中級編≫

ですが、今回の例題では、On Errorステートメントがとても有効に働きます。

　部署内の限られた人が業務で使用し、データファイルが無いとか、目的のシートが無いといったことは、まず考えられず、仮にエラーが起きても、特に何かをするわけではなく、プログラムを終了するだけなら、On Errorで一括処理するのが適しています。

---

### POINT

　「別のファイルを開き、データを読む」

　この処理をするには、事前に「あるはずのファイルがなかったら」、「目的のシートがなかったら」、「そのファイルが編集中状態だったら」と、さまざまなチェックが必要になります。

　On Errorで一括処理をするか、もしくは個別に対処するかは運用を含めてのケースバイケースですが、そういうことも考えなければならないということを覚えておきましょう。

## COLUMN

# プログラム作成の7割はデバッグ

　VBAを学び始めて、何とかプログラムが作れるようになった段階の方は、コンパイルエラーを取るのに苦労したり、コーディングをまとめるのに時間を割いたりすることでしょう。やっとコーディングが終わってテストをしてみると、やっぱり思うような結果にはならず、今度はデバッグで苦労するものです。

　プログラム作成に慣れている人でも、書いたソースコードが一発でうまくいくことはなく、デバッグに時間を費やすことになります。

　どんなに手の早い人でも、むしろ、手が早ければ早いほど、プログラム作成に占めるデバッグ作業の時間が長くなってきます。

　デバッグ作業をなるべく軽減するには、プログラミングスキルを上げることはもちろんですが、知っておくべきことがいくつかあります。それを紹介しましょう。

### ● 稼働環境を整える

　業務で使うプログラムなら、フォルダ構成やデータファイルの配置、レイアウトなど、本番と同じ状態の稼働環境を整えることが何より大切です。

　テスト環境と本番環境が違うと、思わぬ落とし穴があったり、想定外のことが起こったりすることもあります。

### ● テストの基本

　プログラムで扱うデータを、色々変えてテストを行うことになりますが、そこにもテストの基本があります。

　通常パターンとエラーパターンという単純な話ではなく、どんなテストデータを用意すればいいのかがわかっていると、短時間で確実なテストを行うことができます。

　データ件数で説明すると、下限、下限−1、下限＋1、上限、上限＋1、上限−1および0件のパターンで必ずテストを行います。「下限を下回ることは絶対に起こり得ない」なら省略しても構いませんが、可能な限り、これらのパターンはテス

第**4**章 ········· 汎用化・省力化でよりよいプログラムを作るための例題≪中級編≫

トを行って下さい。

また、**通常処理の連続テストなども行うようにしましょう。**

## ●Debug.Printは、最終的にはコメントに

　別のコラムでも、Debug.Printについて触れましたが、デバッグが終わり完成形に
なったら、Debug.Printはコメントにするなどして、働かないようにしておきましょう。

　特にループの中にあるDebug.Printは、ループ分実行されますので、処理速度
が低下する恐れがあります。

　完成形になったらDebug.Printを削除していたという方もいるかもしれません。
本当に不要なDebug.Printなら削除しても構いませんが、半年、一年経ってソー
スコードを見直すと、自分で作ったにも関わらず、案外忘れているものです。ど
こで何を確認したかがわかる**Debug.Printは、消すよりコメントにして、いつ
でも復活させられるようにしておきましょう。**

　また、プログラムを途中で止めるには、止めたい箇所にExit Subを入れるのも
効果的ですし、何百回、何千回とループするFor文を、一時的に少ない回数で実
行させるために、**For i=0 to 1 として試す手も有効なことがあります。**

　プログラムが思った通りになっておらず、期待通りの結果が得られない場合、
間違い箇所を的確に見つけ出すのは、なかなか難しいものです。

　正しくない結果から、どこにミスがあるのかを想像し、探しだすしかありませ
ん。「ただ結果が正しくなかった」と捉えず、**「どこがどう間違ったから、こういう
結果になった」というのを、想像力を働かせてデバッグするようにしましょう。**

　実行時エラーがなくなりプログラムが動いても、それは「何かを処理した」に過
ぎず、正しい結果が得られたとは限りませんし、常に動くとも限りません。確認
作業をしっかり行って、正しい結果が得られるようなプログラムを作成できるよ
うになりましょう。

第**5**章

# 発想力と論理的思考力を
# 高めるための例題
# ≪応用編≫

使用ファイル：5-1.xlsm

# データの並べ替え1
## ──バブルソート

データを並べ替えるソートアルゴリズムは、第3章、第4章で取り上げた最大値を求めるロジックや、重複を調べる手法と並んで、最も基本的なアルゴリズムです。どうすれば目的通りに並べ替えられるかという発想なので、いくつものやり方があり、開発言語を問わず通用する考え方になります。

数あるソートアルゴリズムのうち、代表的なものをいくつか学び、考え方を身に付けると共に、その発想を理解していきましょう。

わかりやすい例題として、Excelに**図5-1-1**のような値があるとします。ボタンをクリックすると、小さい順（昇順）で並び替えるプログラムを作成してみましょう。プログラムはセルで行うコードにしますが、のちほど配列で行うプログラムも紹介します。どちらも考え方に変わりはありません。

▼図5-1-1　データ

| | A |
|---|---|
| 1 | 9 |
| 2 | 3 |
| 3 | 1 |
| 4 | 7 |
| 5 | 8 |

## 各行で比較し条件に合うように入れ替える

バブルソートと呼ばれる、もっともポピュラーなアルゴリズムを紹介します。言葉で説明すると、次のようになります。

① 対象行を5行目、比較行をその上の行にして比較
② 対象行＜比較行なら値を入れ替える
③ 対象行を1行上にし、①と②を行う
④ 対象行が2行目になるまで①～③を繰り返す
　　ここまでで、1行目に入るべき値が確定する。
⑤ 1行目が確定したので、対象行を5行目から3行目まで、①～④を繰り返す。
⑥ 最終行−1行目が確定するまで、⑤の処理を対象行の最終をずらしながら行う。

**1行目を確定させるために、下から小さい値を押し上げていく処理イメージです。それを最終行–1まで行います。** 比較する2行は常にずれていきますが、対象行には、その時点での最小値が、常に入っていることになります。

言葉での説明だと、少しわかりづらいかもしれません。図で表したのが**図5-1-2**です。

▼図5-1-2 並べ替え

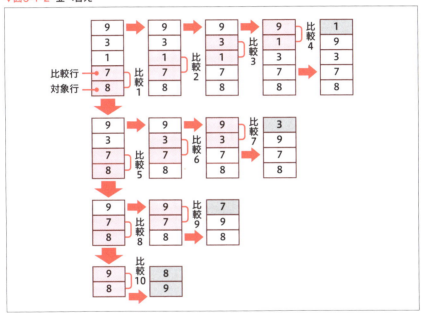

図5-1-2から、プログラムで作成するには、二重ループになることがわかります。

縦の四つのブロックが外側のループで、横の処理が内側のループです。縦のループは、1行目〜最終行–1まで動きます。1行目から順に値を確定していくためです。

1段目のブロックに注目すると、比較1、比較2では、何も起こりません。比較3で「対象行＜比較行」になるので、入れ替えが行われます。さらに比較4を行うとき、対象行の値は、比較3で入れ替えられた値になっています。

横のループ数が縦のループに従って少なくなっている点にも注目して下さい。

では、説明と図の通りにコーディングしてみましょう。

▼ Source Code 5-1-a　　　　　　　　　　　　　　　　5-1.xlsm

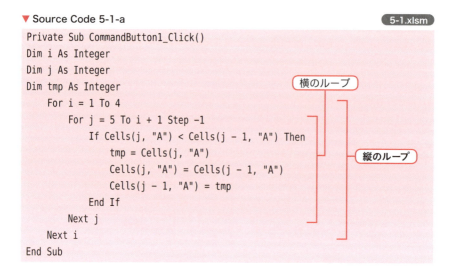

```
Private Sub CommandButton1_Click()
Dim i As Integer
Dim j As Integer
Dim tmp As Integer
    For i = 1 To 4
        For j = 5 To i + 1 Step -1
            If Cells(j, "A") < Cells(j - 1, "A") Then
                tmp = Cells(j, "A")
                Cells(j, "A") = Cells(j - 1, "A")
                Cells(j - 1, "A") = tmp
            End If
        Next j
    Next i
End Sub
```

　外側のループは、先頭行〜最終行−1行目まで、内側のループは、最終行〜外側のループカウンタ＋1行目まで、下から上へ処理するようになっています。

 だいぶ複雑な感じですが、なんとか理解できました。もし、降順にしたい場合は、If文の不等号の向きを逆にすればいいだけですね。

　その通りです。また、データの先頭行と最終行を定数にするなどして、汎用性に優れたソースコードにするようにしましょう。

---

**TIPS**

### データの入れ替え

　二つの変数で値を入れ替えるには、3番目の変数を用意して行うのが、基本中の基本です。変数aと変数bの値を入れ替える場合、a=bといきなりやってしまうと、aとbの値が同じになってしまいます。変数cを用意し、c=a、a=b、b=cとするのが手順です。ここでは入れ替え用の変数をtempとしています。

「データを並べ替えるときにはこのアルゴリズムを発想しましょう」というのは、少し難し過ぎますよね。ただし、「**上から順に値を確定していく**」くらいまでは、思い付くようになって下さい。

## 無駄な処理をなくすコード

今回のソースコードで、理解しづらいのは、For文のループカウンタの範囲が、別のFor文のループカウンタに依存している点と、下から上にループするという点ではないでしょうか。上下の値を入れ替えていくという発想を元に、もう少しコーディングしやすい作り方はないかを考えてみましょう。

 確かに、For文を慣れている形で使えるほうが、ミスが起きにくくデバッグもしやすいです。

少し乱暴な言い方かもしれませんが、作成するプログラムは、必ずしも最善・最良の方法でコーディングしなければならないということはありません。無駄がなく汎用性に優れたコードがいいに決まっていますが、**そのときのスキルに見合ったコーディングで十分です。**

 処理に多少の無駄があったりしても、そこは目をつぶるということですね。

経験を重ね、スキルが上がるに連れ、無駄がなく最良と思えるコードが書けるようになります。そのために、**常に「もっといい方法はないか」と、考えることが大切**です。

では、Source Code 5-1-aをもう少しわかりやすい形でコーディングしてみましょう。二重ループを使うのはそのままですが、外側のループをDo Loopにし、その中で全行を比較、入れ替えを行い、入れ替えがなくなったらDo Loopを抜けるという内容です。

## 第5章 発想力と論理的思考力を高めるための例題≪応用編≫

▼ Source Code 5-1-b　　　　　　　　　　　　　　　　5-1.xlsm

```
Private Sub CommandButton2_Click()
Dim j As Integer
Dim flag As Boolean
Dim tmp As Integer
    Do
        flag = False
        For j = 5 To 2 Step -1
            If Cells(j, "A") < Cells(j - 1, "A") Then
                tmp = Cells(j, "A")
                Cells(j, "A") = Cells(j - 1, "A")
                Cells(j - 1, "A") = tmp
                flag = True
            End If
        Next j
    Loop While flag
End Sub
```

Do While～Loopではなく、Do～Loop Whileのスタイルにしています。
　内側のForループで、5行目から2行目まで、上の行と比較し入れ替える処理を行い、Forループの中で1回も入れ替えが行われなかったら、Doループを抜けるというコードです。Doループを抜ける判断には、フラグを使っています。

毎回2行目と1行目の比較まで行っているので、すでに決定している行を比較しているところが無駄なんですね。

その通りです。が、わかりやすいソースコードになっていると思います。ただし、このソースコードは優れている点もあります。それは、Forループで入れ替えが1度も行われなかった場合、すぐに外側のDoループを抜けるという点です。

ということは、A列のデータが、元々並べ替えする必要のない順になっていたら、Forループを1度だけ実行して全ての処理が終わるということですね。

データの並べ替え1──バブルソート **5-1**

---

> **TIPS**
>
> ## Do Loop
>
> Doループは、WhileやUntilでループを抜ける条件を設定したり、ループの中でExit Do
> で抜けたりしますが、コーディングスキルが未熟だと、いつまで経ってもループを抜けな
> い「無限ループ」になってしまいます。Doループはなるべく使わないようにとは言いません
> が、使いこなすスキルをきちんと身に付けるようにしましょう。

---

比較処理を、何回行ったかをカウントする変数を用意し、内側のループの中で
カウントし、両方のソースコードで、A列のデータの並び順を変えながら比較し
てみて下さい。

今回のプログラムをセルでなく配列で行う場合は、A列のデータを一度配列に
入れ、配列で比較と入れ替えを行い、最後に配列の中身をA列に書き込むという
処理の流れになります。

配列変数がdatだとすると、Cells(j, "A") < Cells(j - 1, "A") の箇所はdat(j) <
dat(j-1)になり、他の箇所も同様にdatで行えばOKです。

---

> **注　意**
>
> ## セルへの書き込み
>
> 今回のプログラムのように、並べ替え処理による入れ替えをセルで行うと、何度もセル
> に書き込む処理が行われます。メモリ上にある配列に値を代入する処理時間に比べ、セル
> への書き込みは処理時間が掛かります。
>
> とは言え、今回のデータはたった5件なので、両者の差を実感することはないでしょう。
> 数千、数万のデータを扱うときには、処理時間を考慮した工夫が必要になることを意識し
> て下さい。

---

第 **5** 章 ………… 発想力と論理的思考力を高めるための例題≪応用編≫

> **POINT**
>
> 　複雑な処理やロジックは、なかなか思い付くことは難しいですが、すでに確立されたアルゴリズムを学ぶことで、発想力を養う基礎力の向上につながります。

# 5-2

使用ファイル：5-2.xlsm

## データの並べ替え2
―― 改良バブルソート

　5-1のForの二重ループを使ったバブルソートを少し改良した方法を紹介します。A列のデータレイアウトは、前回と同じとします。

　同じバブルソートということは、データを比較していくという点は同じなんですね。

　上下で比較する点は同じですが、先ほどのロジックは、対象データと比較データを順にずらしながら、各行の値を決めていきました。今回紹介するのは、対象行を固定して、各行のデータと順に比較していくロジックです。

## 基準行と比較行

　5-1では、比較する2行が毎回ずれていきましたので、「対象行」と「比較行」という表現を用いました。今回のロジックでは、対象行は常に同じ行で各行と比較しますので「基準行」と「比較行」という表現方法で説明します。
　**図5-2-1**を使って説明します。横方向に比較1～比較4の四つのブロックに分かれています。

▼図5-2-1　改良バブルソート

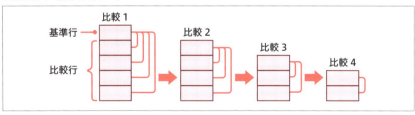

# 第 5 章 発想力と論理的思考力を高めるための例題≪応用編≫

　比較1は、1行目を確定させるための処理、比較2は2行目を確定させるための処理となっていて、最終行−1行目を確定させれば、最終行も確定するという考え方です。

 先ほどのロジックより、わかりやすい感じがします。コード化を考えたとき、比較1〜比較4が外側のループとなり、比較1は、1行目が基準行となって、2行目〜最終行までループで比較していくことになるのですね。

　その通りです。比較1の処理では、比較の結果によって1行目のデータが順次変わっていきます。**比較1は、「1行目を確定させるための処理」だということが理解できれば、このアルゴリズムも理解しやすいのではないでしょうか。**
　図5-2-1の比較1の比較と入れ替えを、具体的な値を入れて**図5-2-2**で説明します。基準行は1行目で値は「9」です。
　Aの比較では、基準行より比較行の値のほうが小さいので、入れ替えが行われます。その結果、基準行の値は「3」になります。続いてBの比較は「3」と「1」の比較となり、やはり入れ替えが行われます。Cの比較では、基準行「1」、比較行「7」なので入れ替えは行われず、Dの比較でも「1」と「8」の比較で入れ替えは行われません。
　結果、この比較1が終了すると、1行目に最小値「1」が確定します。

▼**図5-2-2　具体例**

| A：比較して入れ替え | B：比較して入れ替え | C：比較して入れ替えなし | D：比較して入れ替えなし |
|---|---|---|---|
| 9 | 3 | 1 | 1 |
| 3 | 9 | 9 | 9 |
| 1 | 1 | 3 | 3 |
| 7 | 7 | 7 | 7 |
| 8 | 8 | 8 | 8 |

　**比較2は基準行が2行目、比較3は基準行が3行目と変化していく、比較的わかりやすい二重ループになります。**それではコーディングしてみましょう。

データの並べ替え2——改良バブルソート **5-2**

▼ Source Code 5-2-a `5-2.xlsm`

```vb
Private Sub CommandButton1_Click()
Dim i As Integer
Dim j As Integer
Dim tmp As Integer
    For i = 1 To 4
        For j = i + 1 To 5
            If Cells(i, "A") > Cells(j, "A") Then
                tmp = Cells(i, "A")
                Cells(i, "A") = Cells(j, "A")
                Cells(j, "A") = tmp
            End If
        Next j
    Next i
End Sub
```

　二重ループの内側のループカウンタの初期値が、i+1であることが、このロジックの特徴です。

## 総比較数

　やはり、このロジックも、5-1のSource Code 5-1-aと同様、最後まで比較しないと結果が得られないという特徴があります。

　データ数がN個とすると、比較回数は $N \times (N-1) / 2$ となり、この例題では、10回の比較が行われている計算になります。

> **POINT**
>
> 　根本的な考え方が同じでも、値に注目するか、行に注目するかで、別のロジックが生まれます。行に注目する場合は、確定させる行を基準にするという考え方になります。

197

# 5-3

使用ファイル：5-3.xlsm

## データの並べ替え3
──バケットソート

5-1と5-2は、似たような発想からのロジックでした。今回は考え方を少し変えて、別の方法でアルゴリズムを考えていきましょう。

### 人の思考をプログラム化する

今回はデータが増え、**図5-3-1**のようなデータだったとします。いきなりですが、このデータを昇順で並べ替えしたとき、1行目にある「19」は、何番目になりますか。

▼図5-3-1 データ

え？ 数えて答えればいいのですよね。えと…15番目です。

では、最終行の20行目にある「9」はどうでしょう。

1、2、3、4… 7番目になります。

19が15番目になるとか、9が7番目になるというのは、どうやって考えたのでしょうか。

考えたというか、数えただけです。19の場合、上から下まで見て、19より小さいデータが14個あったので、19は15番目になるという感じです。

それをそのままプログラム化するのが、バケットソートの考え方です。
1行目から最終行までの各値が、小さい順に並べ替えられたとき、何番目になるのかを判断するには、**自分より小さい値がいくつあるかを数え、その数＋1が自分の順位となります。**

コーディングするにあたり、各行が何番目なのかがわかるように、まずは順位をB列に書き出すところまでを作成してみましょう。

▼図5-3-2 バケットソート

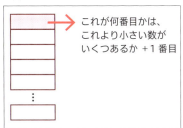

▼ Source Code 5-3-a　順位書き出しまで　　　5-3.xlsm

```
Private Sub CommandButton1_Click()
Dim i As Integer
Dim j As Integer
Dim myPosi As Integer
    For i = 1 To 20           ← 各値を取り出す
        myPosi = 0
        For j = 1 To 20       ← 小さい値を比較し数える
            If Cells(i, "A") > Cells(j, "A") Then
                myPosi = myPosi + 1
            End If
        Next j
        Cells(i, "B") = myPosi + 1
    Next i
End Sub
```

各値を取り出すためにiで回る外側のForループ、それより小さい値を比較し数えるためにjで回るループという、二重ループになっています。自分より小さい値を数える変数はmyPosiで、内側のForループの前で0を与え、初期化しています。

実行すると、結果は**図5-3-3**のようになりました。

19は15番目、13は11番目、20は16番目…と正しく結果が得られています。

▼図5-3-3 結果

| | A | B |
|---|---|---|
| 1 | 19 | 15 |
| 2 | 13 | 11 |
| 3 | 20 | 16 |
| 4 | 10 | 8 |
| 5 | 2 | 2 |
| 6 | 16 | 12 |
| 7 | 17 | 13 |
| 8 | 4 | 4 |
| 9 | 21 | 17 |
| 10 | 7 | 5 |
| 11 | 25 | 20 |
| 12 | 22 | 18 |
| 13 | 1 | 1 |
| 14 | 23 | 19 |
| 15 | 11 | 9 |
| 16 | 8 | 6 |
| 17 | 3 | 3 |
| 18 | 18 | 14 |
| 19 | 12 | 10 |
| 20 | 9 | 7 |

このあとの処理として、B列の「x番目」を行番号にA列に書いてしまうと、元データが無くなってしまうので、一度C列に順番通りに書き出せば、C列は小さい順に並びますね。

そうですね。そのあと、C列の値をA列に書くか、もしくはコピペするでもいいですね。

では、C列に順番通りに書き出すソースコードを追加してみましょう。

▼Source Code 5-3-b　C列に書き出し　　　　　　　　　　　5-3.xlsm

```
'順位通りにC列に書き出し
For i = 1 To 20
    j = Cells(i, "B")
    Cells(j, "C") = Cells(i, "A")
Next i
```

このコードは、Source Code 5-3-aのEnd Subの前に追加します。

実行すると、**図5-3-4**のように、A列の値が小さい順にC列に書かれました。

▼図5-3-4　結果

| | A | B | C |
|---|---|---|---|
| 1 | 19 | 15 | 1 |
| 2 | 13 | 11 | 2 |
| 3 | 20 | 16 | 3 |
| 4 | 10 | 8 | 4 |
| 5 | 2 | 2 | 7 |
| 6 | 16 | 12 | 8 |
| 7 | 17 | 13 | 9 |
| 8 | 4 | 4 | 10 |
| 9 | 21 | 17 | 11 |
| 10 | 7 | 5 | 12 |
| 11 | 25 | 20 | 13 |
| 12 | 22 | 18 | 16 |
| 13 | 1 | 1 | 17 |
| 14 | 23 | 19 | 18 |
| 15 | 11 | 9 | 19 |
| 16 | 8 | 6 | 20 |
| 17 | 3 | 3 | 21 |
| 18 | 18 | 14 | 22 |
| 19 | 12 | 10 | 23 |
| 20 | 9 | 7 | 25 |

最後はコピペでいきたいと思います。C列をA列にコピーして、B列とC列を消せばOKですね。

では、次の2行をSource Code 5-3-bのあとに追加しましょう。

```
Range("C:C").Copy Range("A:A")
Range("B:C").ClearContents
```

A列に書き出したあと、B列C列をクリアしています。

今回は、順位の書き出しや順位通りにデータを一時表示させるためにB列やC列を利用しました。列やセルが使用できない場合、バッファとして順位用と順番通りの値を入れておく、二つの配列変数を用意して処理することになります。もし、データが数万件、数十万件になった場合、メモリを大量に使用することになります。

**VBAで、数十万件を超えるデータをバケットソートで実現する場合、行の上限、配列の上限、パソコンのメモリ容量などを考慮しなければならない場合もあります。**

## 同じ値を考慮

膨大なデータ量でなければ、バケットソートも有効な手段ということですね。この方法なら、途中で順位の確認なども可能なので、使いやすい手法だと思いました。これでプログラムは完成ですね。

データの17行目にある「3」を、「2」に変えて、テストした結果が図5-3-5です。

▼図5-3-5 テスト結果

あれ？　3行目にデータが表示されていないようですが…

これはどういうエラーかというと、5行目にあった「2」も、17行目にあった「2」も、自分より小さい値を数えたら、13行目の「1」の一つだけだったので、順位が2番目となり、二つの「2」は2行目に書き込まれたのです。結果、3番目に小さい値が存在しないということになりました。

5-1や5-2のバブルソートでは、同じ値があっても入れ替え処理が行われないので、こういう現象は起きません。

データ中に同じ値がある場合は、このロジックは使えないということではなく、同じ値があっても正しく処理できるように、プログラムを修正しな

ければならないということですね。

それを実現するためには、どんな発想が必要になりますか。「2」が、5行目と13行目の2箇所だけでなく、三つ、四つとあるケースでも、正しく処理できなければなりません。

 すでに比較対象として調べた値にはフラグを立て、フラグの立った値が基準行になるときには、順を付けるときに「＋1」を「＋2」にするという感じでしょうか。

フラグを調べた回数にすれば、同じ値が2回、3回と比較行になったときに「＋2」なのか「＋3」なのかを判断可能ですね。その発想でもソースコードは書けます。しかし、その方法だと少し複雑な処理になりそうですし、セルではなく配列を使って処理するときには、フラグ用の配列変数を用意しなければなりません。

ここは、別の発想でいきましょう。

 具体的にはどういう処理になりますか。

図**5-3-6**で説明します。

5行目にある「2」に注目して下さい。これが基準行のとき、自分より小さい値がいくつあるかを数えるとき、どう処理すればいいかを考えていきます。

自分より上の行にある同じ値は、「自分より小さい」と判断し、自分より下の行にある同じ値は「自分より小さくない」と判断すればどうでしょうか。

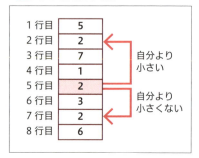

▼図**5-3-6** 同じ値を考慮

2行目の「2」が基準行のとき、5行目、7行目の「2」は、自分より下の行にあるので「自分より小さくない値」と判断し、4行目の「1」だけが自分より小さい値になるので、順位は2番目になります。

5行目の「2」が基準行のとき、自分より小さい値は、2行目の「2」、4行目の「1」となるので、順位は3番目になります。

同様に、7行目が基準行のときには、小さい値は2行目、4行目、5行目でカウントされ、4番目となります。

比較行が基準行の上か下かは、二重ループのそれぞれのループカウンタiとjで判断し、上の行に対しては「自分以下の値」、下の行に対しては「未満の値」を数えるということですね。

その通りです。では、Source Code 5-3-aを修正します。確認できるように、B列に順位を書き出すところまでをコーディングすることにします。

▼ Source Code 5-3-c　同じ値を考慮　　　　　　　　　　　5-3.xlsm
```
Private Sub CommandButton2_Click()
Dim i As Integer
Dim j As Integer
Dim myPosi As Integer
    For i = 1 To 20
        myPosi = 0
        For j = 1 To 20
            '基準行 > 比較行　以下を検索
            If i > j And Cells(i, "A") >= Cells(j, "A") Then
                myPosi = myPosi + 1
            '基準行 < 比較行　未満を検索
            ElseIf i < j And Cells(i, "A") > Cells(j, "A") Then
                myPosi = myPosi + 1
            End If
        Next j
        Cells(i, "B") = myPosi + 1
    Next i
End Sub
```

実行すると、**図5-3-7**のようにB列に順位が表示されました。データはあらかじめ、17行目にある「3」を「2」に変えてからプログラムを実行しています。5行目

第 **5** 章 ......... 発想力と論理的思考力を高めるための例題≪応用編≫

と17行目の「2」は2番目と3番目に別れています。他の行で同じ値を設定するなどして、テストしてみて下さい。

　第3章でも述べましたが、**こういうプログラムのテストは、「極端なデータで検証」するのが、かなり有効な方法です。** 例えば、データを全て「1」にして、正しく順位付けができるかどうかを確認してみましょう。

▼図5-3-7　結果

| | A | B |
|---|---|---|
| 1 | 19 | 15 |
| 2 | 13 | 11 |
| 3 | 20 | 16 |
| 4 | 10 | 8 |
| 5 | 2 | 2 |
| 6 | 16 | 12 |
| 7 | 17 | 13 |
| 8 | 4 | 4 |
| 9 | 21 | 17 |
| 10 | 7 | 5 |
| 11 | 25 | 20 |
| 12 | 22 | 18 |
| 13 | 1 | 1 |
| 14 | 23 | 19 |
| 15 | 11 | 9 |
| 16 | 8 | 6 |
| 17 | 2 | 3 |
| 18 | 18 | 14 |
| 19 | 12 | 10 |
| 20 | 9 | 7 |

---

**TIPS**

## Excelの並べ替え機能

　並べ替えのアルゴリズムを学んでもらう目的で紹介したバケットソートですが、A列のデータを並べ替える処理なら、Excelの並べ替え機能を活用するのも一つの手です。マクロを記録し、その利用方法を簡単に紹介します。

　マクロの記録でA列の並べ替えをMacro1で記録したとします。そのコードは、標準モジュールに「Macro1」でコード化されていますので、自身でコーディングしたソースコードから「Call Macro1」と呼び出します。

---

**POINT**

　コード化の基本は、人が考えた通りにコード化することです。その値が何番目に小さいかを判断するとき、人は数えます。プログラムでも同様に、その値より小さい数を数えることをコード化していきます。

　同じ結果を得るソートアルゴリズムでも、さまざまなやり方があることから、やりたいことをコード化するロジックは、一つではないことを再認識しましょう。

**使用ファイル：5-4.xlsm**

# 画像を効果的に見せる
## ──可視化/不可視化

　今回は、一味違ったテクニックから発想力を学んでいく例題を用意してみました。

▼図5-4-1　都道府県の選択で色が付く

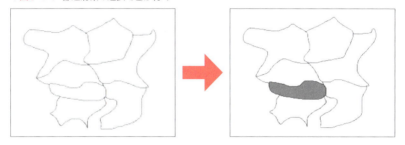

　図5-4-1は、関東地方の一都六県の地図で、都道府県のどれかを選択すると、その県に色が付くというものです。日本地図や地図以外でも応用でき、見せ方を工夫すれば、プレゼン資料にもなりそうなプログラムです。
　フォームを使用するプログラムにします。

## コントロールのプロパティを再確認する

　動き通り、見た通りにプログラムを作成するなら、一都六県全てが白塗りの地図を画像として作成し、選択された都県を白以外の色で塗りつぶすという処理を考え付くことでしょう。しかしVBAでは、残念ながら画像の一部を塗りつぶせる機能はありません。
　では、どうすれば実現できるでしょうか。どんな発想をすればいいのでしょうか。

うーん難しいですね。何かヒントというか、思い付きを助ける術みたいなものはないでしょうか。

　コントロールを活用して、思い通りのプログラムを作成しようと考えるとき、**そのコントロールにどんなプロパティがあるかを再確認することで、閃くことがあります。**

画像は、イメージコントロールなので、プロパティとしては、画像ファイル名、配置、幅、高さ、可視状態、表示位置などです。あとは背景色や背景スタイルくらいですよね。

　何か、閃きませんか。では、ヒントを出しましょう。もし東京都が選択されたら、東京都を表示し、他の県は見せなければいいのです。

なるほど…、わかったかもしれません。「見える／見えない」の可視状態の切り替えは「Visible」で、これを活用するわけですね。一都六県全ての色付きの画像を作成し、選ばれた都県は Visible=True、それ以外は Visible=False にすれば、選ばれた都県だけが表示されるという仕組みですね。

　**図5-4-2**は、左が神奈川県、右が千葉県です。このように、まずはそれぞれの都県の色付き画像を用意しておきます。

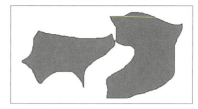
▼図5-4-2　神奈川県と千葉県の画像

## コントロールの初期設定を容易にするオブジェクト名に

フォームが開かれるときの「Initialize」イベントでは、何を設定する必要があり、どんな注意点があるでしょうか。

都県を選択するのは、コンボボックスで行うことにしますので、コンボボックスに対してのデータ設定です。あとは、一都六県の色付き画像全てに対してVisibleをFalseにします。

その際、Controlコレクションを活用しますので、ループで処理できるような連番でのネーミングにし、その順番はコンボボックスで表示される順にします。これにより、コンボボックスで選択された値をそのままControlコレクションで使えます。

一都六県の色付き画像が全て見えない状態になるのは、フォームが開くときと、コンボボックスで「選択なし」になったときと2パターンあります。全てをVisible=Falseにする処理は、共通で使えるように関数化しておきます。

なお、一都六県の一覧と並びは、**図5-4-3**のようにSheet2に設定しておきます。

▼図5-4-3 sheet2

| ▲ | A | B |
|---|---|---|
| 1 | 東京都 | |
| 2 | 神奈川県 | |
| 3 | 千葉県 | |
| 4 | 埼玉県 | |
| 5 | 群馬県 | |
| 6 | 栃木県 | |
| 7 | 茨城県 | |

では、コーディングしてみましょう。

▼ **Source Code 5-4-a** ［ユーザーフォームモジュール］　　5-4.xlsm

```vb
'フォームが開くとき
Private Sub UserForm_Initialize()
Dim i As Integer
    Me.ComboBox1.Clear
    For i = 1 To 7
        Me.ComboBox1.AddItem Sheets("Sheet2").Cells(i, "A")
    Next i
    Call allOff
End Sub

'閉じるボタン
Private Sub CommandButton1_Click()
    If MsgBox("終了しますか", vbOKCancel, "終了確認") = vbCancel Then Exit
                                                              ➡Sub
    Unload Me
End Sub
```

第**5**章 ………… 発想力と論理的思考力を高めるための例題≪応用編≫

```
'コンボボックスでどれかが選ばれた
Private Sub ComboBox1_Change()
    Call allOff
    If Me.ComboBox1.ListIndex >= 0 Then
        Me.Controls("Image" & Me.ComboBox1.ListIndex + 1).Visible = True
    End If
End Sub

'色付き画像を全てFalseに
Private Sub allOff()
Dim i As Integer
    For i = 1 To 7
        Me.Controls("Image" & i).Visible = False
    Next i
End Sub
```

　allOffという関数で、一都六県の色付き画像を、全て非表示にする処理を行うようにしました。フォームが開くときは呼び出すだけ。コンボボックスで何かが選ばれたときには、まず、この関数を呼び出し、一都六県を全て非表示にしてから、選ばれた都県を表示しています。

## 個別の画像の背景は透明

　一都六県それぞれの色付き画像を作成する際は、着色以外の部分を透明にしなければなりません。もしくは、図5-4-1の右の画像は全ての都県がわかる状態で東京都だけ着色していますので、他の県についても同じように作成するという方法もあります。

　プログラムで扱える画像などをハンドリングする場合、画像の作成や編集、トリミングなど、必要最低限のスキルも身に付けていく必要が出てきます。

　画像を作成したり、GIF、JPG、PNGファイルの違いを覚えたりなど、専門的な知識まではいかなくとも、関連スキルとして身に付けていくことも、楽しみのひとつと考えていきましょう。

208

画像を効果的に見せる——可視化/不可視化 **5-4**

---

### TIPS

## テキストボックスやラベルも活用できる

選択された都県の色を変えるだけでなく、人口や県庁所在地、代表的な産業などをテキストボックスやラベルで地図上に表示させる場合なども、Visible が有効に使えます。選択された都県に応じて内容を変えるには、テキストボックスには Value や Text、ラベルなら Caption に値を設定します。

---

### POINT

コントロールのプロパティを熟知することが、プログラム化への発想の引き出しになります。表示位置なら Left や Top、有効／無効なら Enabled、コンボボックスやリストボックスの選択されたインデックスは ListIndex。プロパティは、一通り把握しておくことが大切です。

# 5-5

使用ファイル:5-5.xlsm

## 関数の戻り値で判断させる
——差異点の処理

　図5-5-1をご覧下さい。チェスボードと、「○」がナイトを、「×」がナイトが動ける位置を表しています。チェスに馴染みのない方のために解説すると、ボードのマス目は8×8、ナイトという駒は、前後左右に2マス進んで、その左右どちらかに動くことができます。動かせる位置は、最大8箇所です。ボードからはみ出すことはできません。

　ボードの任意の位置に「○」を設定し、ボタンを押すと、ナイトの動ける位置に「×」を表示するプログラムを作成してみましょう。なお、チェスボードには本来、横にa～h、縦に1～8が振ってありますが、プログラム作成のために、行列の番号を記してあります。

▼図5-5-1　ナイトの動ける位置

| | A | B | C | D | E | F | G | H | I |
|---|---|---|---|---|---|---|---|---|---|
| 1 | | 2 | 3 | 4 | 5 | 6 | 7 | 8 | 9 |
| 2 | 2 | | | | | | | | |
| 3 | 3 | | | | | | | | |
| 4 | 4 | | | | × | | × | | |
| 5 | 5 | | | × | | | | × | |
| 6 | 6 | | | | | ○ | | | |
| 7 | 7 | | | × | | | | × | |
| 8 | 8 | | | | × | | × | | |
| 9 | 9 | | | | | | | | |

## まずは正しい状態かをチェック

　この手の処理をするプログラムを作成する際には、当たり前のことですが、**まずは主ロジックを考える前に、正しい処理ができる状態かどうかをチェックする必要があります。**言い換えるなら、正常な処理ができないエラー状態かどうかを調べるということです。

　なお、主ロジックができあがったあとに、エラー状態のチェックを追加する組み立て方でも構いませんが、ここではエラーのチェックから考えます。

　このプログラムの場合は、「○」がマスにあるかどうかのチェックということですね。

そうですね。「○」がマスに無ければ処理ができませんし、二つ以上あってもエラーとしなければなりません。

　マスの中に「○」の数を調べ、1個以外だったら処理を行わない処理までを作りましょう。

▼ Source Code 5-5-a　　　　　　　　　　　　　　　　　　　5-5.xlsm

```
Private Sub CommandButton1_Click()
Dim knightNo As Integer
    knightNo = knightCheck
    If knightNo <> 1 Then
        MsgBox "○を正しく設定して下さい", vbCritical, "ERROR"
        Exit Sub
    End If
End Sub

'マスの中の ○ の数を調べる
Private Function knightCheck()
Dim rtn As Integer
Dim i As Integer
Dim j As Integer
    rtn = 0
    For i = 2 To 9
        For j = 2 To 9
            If Cells(i, j) = "○" Then
                rtn = rtn + 1
            End If
        Next j
    Next i
    knightCheck = rtn
End Function
```

　CommandButton1_Clickはメイン処理、「○」の数を調べるのはknightCheckという関数で処理しています。この関数の戻り値が「○」の個数です。

　あとは、メイン処理にナイトの移動可能先に「×」を表示させるコードを記述することになります。何から考えればいいでしょうか。

# 第5章　発想力と論理的思考力を高めるための例題≪応用編≫

## パターンの洗い出し

 移動先は最大8箇所で、「○」の位置によっては移動可能な場所が少なくなりますね。このプログラムは、この辺を、どうやってセンス良く作るかがポイントになると思います。

　「○」位置を「行-列」の順で説明すると、2-2、2-9、9-2、9-9は「×」が2箇所になるなど、「○」の位置によって「×」が書ける数が変わるわけですね。

　全てのマスに対して、いくつ「×」が書けるかをまとめてみました。最少は2箇所で四隅が該当し、その上下左右のマスが3箇所、端の2行2列に4箇所と6箇所があり、中央の4×4マスだけが8箇所に「×」が書けることがわかります。

▼図5-5-2　×が書ける数

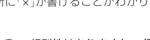

 規則性はありますね。行列の値から、何か法則に沿った計算式が可能なのでしょうか。

　行列の値の条件判断で、そのマスにいくつ「×」が書けるかは判断可能ですが、「×」を書くセルは、さらに複雑な条件判断になりそうです。
　**やや複雑になりそうなプログラム作成では、事前に処理の違いのパターンを洗い出し、まず一番オーソドックスなパターンをコーディングして、他のパターンをあとから追加するような、段階的コーディングが有効な場合があります。**

## 一番楽なパターンからコーディング

　では質問です。「×」を書くプログラム作成が楽になるのは、どの位置に「○」があるときですか。

 「×」が8箇所書けるセルD4～G7の範囲です。

「○」がその範囲にある前提なら、8箇所に無条件で「×」が書けますね。では、そのプログラムを作成してみましょう。

図5-5-3のように、「○」が5行5列にあるとします。「×」が書ける箇所に番号を振りました。この8箇所を簡単な計算式で算出することはできませんので「×」を書き出す行列を8パターン分、「○」の位置より算出することにします。

例えば、「×」を1の位置に書くときの行番号は、「○」の行番号−2、列番号は「○」の列番号−1ということになります。6の位置なら、行は＋1、列は＋2です。

▼図5-5-3 楽なパターン

|   | A | B | C | D | E | F | G | H | I |
|---|---|---|---|---|---|---|---|---|---|
| 1 |   | 2 | 3 | 4 | 5 | 6 | 7 | 8 | 9 |
| 2 | 2 |   |   |   |   |   |   |   |   |
| 3 | 3 |   |   | 1 |   | 2 |   |   |   |
| 4 | 4 |   | 3 |   |   |   | 4 |   |   |
| 5 | 5 |   |   |   | ○ |   |   |   |   |
| 6 | 6 |   | 5 |   |   |   | 6 |   |   |
| 7 | 7 |   |   | 7 |   | 8 |   |   |   |
| 8 | 8 |   |   |   |   |   |   |   |   |
| 9 | 9 |   |   |   |   |   |   |   |   |

 ということは、「○」の行・列番号を事前に調べておく必要があります。

Source Code 5-5-aのknightCheckで、二重ループを使って、そのセルが「○」かどうかをチェックしているIf文がありました。そのチェック時に行番号と列番号を変数に入れましょう。変数はメイン処理でも使用すると思われますので、モジュールの外部変数としておきます。

8箇所の「×」位置の行列は、機械的に「○」の位置から算出しなければならないので、関数化することにします。

▼ Source Code 5-5-b　　　　　　　　　　　　　　　　　　　5-5.xlsm

```
Dim crtClm As Integer           '○の列番号
Dim crtRow As Integer           '○の行番号
Dim moveClm As Integer          '×の列番号
Dim moveRow As Integer          '×の行番号

'ボタン：メイン処理
Private Sub CommandButton1_Click()
Dim knightNo As Integer
```

第 **5** 章 ......... 発想力と論理的思考力を高めるための例題≪応用編≫

```vba
Dim i As Integer
    knightNo = knightCheck
    If knightNo <> 1 Then
        MsgBox "○を正しく設定して下さい", vbCritical, "ERROR"
        Exit Sub
    End If
    '×の8箇所を順に書く
    For i = 1 To 8
        Call movePosiSet(i)
        Cells(moveRow, moveClm) = "×"
    Next i
End Sub

'書き出し順に×の行・列をセット
Private Sub movePosiSet(n As Integer)

    Select Case n
        Case 1
            moveClm = crtClm - 1
            moveRow = crtRow - 2
        Case 2
            moveClm = crtClm + 1
            moveRow = crtRow - 2
        Case 3
            moveClm = crtClm - 2
            moveRow = crtRow - 1
        Case 4
            moveClm = crtClm + 2
            moveRow = crtRow - 1
        Case 5
            moveClm = crtClm - 2
            moveRow = crtRow + 1
        Case 6
            moveClm = crtClm + 2
            moveRow = crtRow + 1
        Case 7
            moveClm = crtClm - 1
            moveRow = crtRow + 2
```

```
        Case 8
            moveClm = crtClm + 1
            moveRow = crtRow + 2
    End Select
End Sub
```

「×」を8箇所に順に書くために、8回のループを使っています。毎回、ループカウンタを引数にmovePosiSetを呼び出し、「○」の行列の位置から、「×」の行列位置を、変数moveRowとmoveClmにセットしています。「○」の行番号と列番号が必要になるので、knightCheck関数のIf文を、次のように修正しました。

```
        If Cells(i, j) = "○" Then
            rtn = rtn + 1
            crtRow = i
            crtClm = j
        End If
```

実行すると、1～8まで書いてあるセルに「×」が表示されました。

## 逆転の発想

ここまでのプログラムは、「×」が8箇所に書ける場合にのみ有効なロジックです。ボードの端の行列、つまり「×」の書き出し箇所が、6個や4個といったセルに「○」があった場合は、どこでどのような判断と処理をすればいいのでしょうか。

では、このプログラムのまま、セルC2に「○」を設定し、実行してみて下さい。

▼図5-5-4 エラー

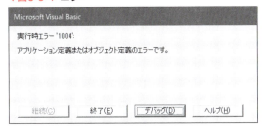

エラーが起きます。C2だけでなく、B6やE2でも同じエラーが起きます。

いわゆる、「プログラムが落ちた」状態になったわけですね。原因はなんでしょうか。

 落ちた箇所が、「Cells(moveRow, moveClm) = " × "」のステップなので、moveRowとmoveClmの値がどうなっているか、Debug.Printを使って確認してみます。

---

**TIPS**

### エラーの原因を正しく把握する

「Debug.Printを使って確認する」。当たり前のことですが、とても大切なことです。プログラムが期待通りに動かないとき、デバッグするのにソースコードとにらめっこするように、じっと見ている方をたまに見かけます。プログラム作成に慣れている方なら、それで答えが見つかるかもしれませんが、初心者の方には、答えが見つかる可能性はとても低いと言わざるを得ません。

デバッグの最も大切なことは、「どういう現象が起きているのか」を、正しく把握することです。それには、Debug.Printを活用して、怪しそうな変数を片っ端から確認するのが、最も早く確実です。

---

「Debug.Print moveRow & "行 " & moveClm & " 列"」とコーディングして実行した結果、**図5-5-5**のように表示されました。

つまり、プログラムが落ちた原因は、Cellsに0行目や0列目と指定して、値を書こうとしたことだとわかります。

▼図5-5-5 Debug.Print

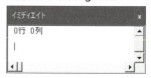

 あ、このプログラムの完成像が見えた気がします。「×」を書ける数によって処理を分けるのではなく、8箇所書く前提でmoveRowとmoveClmをmovePosiSetで値を設定し、両方が「2以上9以下」のときだけ「×」を書けばいいのではないでしょうか。

その通りです。このままのロジックだと、「○」がB列のどこかにあれば、プログラムは落ちますし、H列やI列にあった場合、プログラムは落ちませんが、マス目をはみ出して「×」を書きます。4番目と6番目の「×」位置が、「○」の列位置＋2で、10列目、11列目となるからです。
　正しい範囲のときだけ「×」を書くように、メイン処理の「×」を書いているステップを、次のように修正します。

▼ Source Code 5-5-c　[CommandButton1_Click]　5-5.xlsm

```
If moveRow >= 2 And moveRow <= 9 And moveClm >= 2 And moveClm <= 9 Then
    Cells(moveRow, moveClm) = "×"
End If
```

　マス目の範囲が2行目〜9行目、2列目〜9列目なので、moveRowとmoveClmの上限・下限を全てAndで指定するのが、わかりやすい書き方です。

 楽なパターンからコーディングしていく段階に、全てに対応できる答えがあったような気がします。

　今回の例題では「○」の位置がマス目の中央だから、外側だから、もしくは四隅だからどう処理しようではなく、「×」の表示位置が正しい範囲かどうかだけで判断しています。
　今までのプログラム作成では、色々な処理パターンを挙げ、対応できるようにロジックを分けていましたので、今回は逆転の発想というわけです。

**POINT**

　処理パターンの違いによりロジックを分けるコーディング方法とは違って、一番オーソドックスな処理をコーディングし、他の処理との差異点を処理する方法もあることを学びました。これは、コーディングに対する思い付きであり、プログラミングスキルと言えます。

# 5-6

使用ファイル：5-6.xlsm

# コンボボックス・リストボックスの連携
## ──コントロールの活用

今回の例題は、フォームを使って、コントロールの連携を学んでいきます。

図5-6-1のようなフォームがあります。コンボボックスで一都六県の中から都県を選択すると、その都市の一覧がリストボックスに表示されます。

そして、リストボックスの中から一つの都市を選択し、完了ボタンを押すと、フォームの呼び出し元に、その都市名を渡すという流れです。

▼図5-6-1　市区町村選択

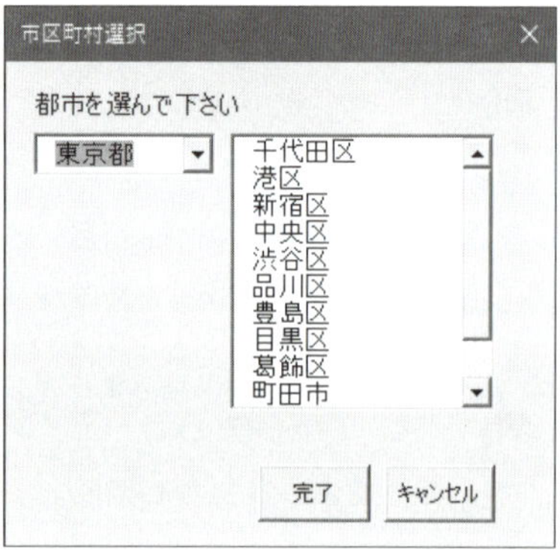

動きがあり、よく見る処理ですね。

コンボボックスとリストボックス、コンボボックス同士、リストボックス同士など、データを連携する処理はユーザーにとって使い勝手がよく、応用がききます。ここで基本的な作り方を学び、プログラム作成の幅を広げられるように、しっかり身に付けて下さい。

## プログラムデザインで処理を明確にする

複雑な処理プログラムを作成する場合、まずは、処理の流れや詳細を精査することから始めます。

今回の場合は、

① フォームが開くときに、値を与えるコントロールはどれか
② フォームが閉じるときのボタンと処理や動き
③ 都県が選ばれたときの処理（コンボボックス）
④ 都市が選ばれたときの処理（リストボックス）
⑤ 都県および都市データをどう持つか
⑥ 呼び出し元へどう返すか

などを決めておきます。
　この作業を、**プログラムデザイン**といいます。

 処理に漏れがないように、コーディングする前に処理を洗い出して、その内容をしっかり決めておくということですね。

　処理をまとめるには、各コントロールのイベントごとに分けて行います。①はUserForm_Initializeであり、③はComboBox1_Changeです。どのコントロールでどんなイベントがあるのかを把握しておく大切さは、第2章で触れた通りです。
　図5-6-1のフォームにあるコントロールは、「都県を選んで下さい」と表示するラベル（Label1）、都県を選択するコンボボックス（ComboBox1）、都市を表示、選択するリストボックス（ListBox1）、完了ボタン（CommandButton1）、キャンセルボタン（CommandButton2）です。

　どんな発想をするにしても、それぞれのイベントでの処理が明確になっていないと、スムーズにコーディングすることはできません。

## TIPS
### 複雑なプログラムはいきなりコーディングしない

たくさんのコントロールがあったり、処理が複雑なプログラムを作ったりするときは、いきなりコーディングすると、行き当たりばったりになりがちです。重複する処理をコーディングしてしまったり、必要な処理が欠けていたりなど、完成までに無駄な時間が掛かることがあります。

規模が大きければ大きいほど、事前の処理洗い出しが必要になります。

それでは、決めるべき処理を決めていきましょう。

①-A：ComboBox1に一都六県を設定。Label1.Captionに「都県を選んで下さい」を表示。

②-A：キャンセルボタンが押されたら、終了の確認をしてフォームを閉じる。

②-B：完了ボタンが押され、都市が選択されていなかったらエラーメッセージを表示。

②-C：完了ボタンが押され、都市が選ばれていたら確認メッセージを表示しフォームを閉じる。

③-A：都県のいずれかが選択されたら、ListBox1に該当の都市を設定。

③-B：都県が削除されたら、ListBox1をクリア

④-A：特にアクションはなし。

⑤はあとで説明。

⑥-A：文字型の外部変数を用意し、都市が選ばれたらその都市名、キャンセルならブランクを代入することで呼び出し元のプロシージャに判断させる。

この時点で、洗い出しに漏れがあると、後々大変なことになりますか。きちんと全部洗いだせるか不安です。

事前に、全て完璧に洗い出すことができるようになるまでには、それなりの経験が必要になってきます。あとで洗い出しの漏れが判明したら追加で処理を考えるしかありません。漏れだけでなく、コントロールが追加されるなどの変更があった場合も、その都度、処理を決めていくようにすればOKです。

事前の準備は、そのあとのコーディングを早く、正確にする助けになります。

## ユーザーの意図しない操作を考慮する

　②–Bは忘れがちなケースです。意図しない操作をされたときの処理は、全て洗い出しておき、正しい対処をします。もしくは、都市が選ばれていないときには、完了ボタンを使えなくするという方法もあります。

　いずれにしろ、**ユーザーの操作が介在するプログラムにおいては、こちらが意図しない操作をされても、可能な限り対処する姿勢が求められます。**「必須入力項目を入れ忘れて実行ボタンを押したら、そりゃープログラムは落ちますよ」なんていう言いわけは通用しません。

　また、フォームと呼び出し元での情報は、フラグではなく文字型の変数の値で判断させる点（⑥–A）にも注目して下さい。第3章で学んだように、フラグで判断させるのでも問題はありませんが、どう終わったかだけでなく、選択されたデータ値が必要なら、それをフォームと呼び出し元で共有するほうが、ソースコードがすっきりします。

　コンボボックスで選択する都県、リストボックスで表示・選択する都市名は、**図5-6-2**のようにA列に都県、B列～H列に都市名となっており、「cities」というシートに設定しました。このレイアウトの優位性は、のちほど解説します。

▼図5-6-2　都県、都市名のレイアウト

| | A | B | C | D | E | F | G | H |
|---|---|---|---|---|---|---|---|---|
| 1 | 東京都 | 千代田区 | 横浜市 | 千葉市 | さいたま市 | 高崎市 | 宇都宮市 | 水戸市 |
| 2 | 神奈川県 | 港区 | 川崎市 | 勝浦市 | 川越市 | 前橋市 | 足利市 | 日立市 |
| 3 | 千葉県 | 新宿区 | 横須賀市 | 市原市 | 熊谷市 | 桐生市 | 栃木市 | 土浦市 |
| 4 | 埼玉県 | 中央区 | 鎌倉市 | 流山市 | 川口市 | 伊勢崎市 | 佐野市 | 古河市 |
| 5 | 群馬県 | 渋谷区 | 逗子市 | 八千代市 | 秩父市 | 太田市 | 鹿沼市 | 龍ケ崎市 |
| 6 | 栃木県 | 品川区 | 三浦市 | 我孫子市 | 春日部市 | 館林市 | 日光市 | つくば市 |
| 7 | 茨城県 | 豊島区 | 相模原市 | 銚子市 | 所沢市 | 富岡市 | 小山市 | 取手市 |
| 8 | | 目黒区 | 厚木市 | 市川市 | 深谷市 | 安中市 | 真岡市 | 牛久市 |
| 9 | | 葛飾区 | | 船橋市 | | みどり市 | 矢板市 | |
| 10 | | 町田市 | | 松戸市 | | | | |
| 11 | | 八王子市 | | 成田市 | | | | |
| 12 | | 西東京市 | | | | | | |

　では、コーディングしてみましょう。まずは、フォームが開くときのソースコードです。

第**5**章 ……… 発想力と論理的思考力を高めるための例題≪応用編≫

▼ **Source Code 5-6-a** [UserForm_Initialize]　　　　　　`5-6.xlsm`

```
'フォームが開くとき
Private Sub UserForm_Initialize()
Dim i As Integer
    Me.ComboBox1.Clear
    With Sheets("cities")
        For i = 1 To 7
            Me.ComboBox1.AddItem .Cells(i, "A")
        Next i
    End With
    Me.Label1.Caption = "都県を選んで下さい"
End Sub
```

　最初にComboBox1をClearしていますが、最初は何も設定されていませんので、省略しても構いません。次いで、完了ボタンとキャンセルボタンのソースコードです。

▼ **Source Code 5-6-b** [完了ボタンとキャンセルボタン]　　　　　`5-6.xlsm`

```
'完了ボタン
Private Sub CommandButton1_Click()
    If Me.ListBox1.ListIndex = -1 Then
        MsgBox "市を選択して下さい", vbCritical, "選択エラー"
        Exit Sub
    End If
    SelCityName = Me.ListBox1
    If MsgBox(Me.ListBox1 & "が選ばれました", vbYesNo, "選択の確認") =
                                        ➡vbNo Then Exit Sub
    Unload Me
End Sub

'キャンセルボタン
Private Sub CommandButton2_Click()
    If MsgBox("選択を中止しますか", vbOKCancel, "終了の確認") =
                                        ➡vbCancel Then Exit Sub
    Unload Me
End Sub
```

選択された都市名は、外部変数SelCityNameに代入しています。外部変数は標準モジュールで宣言し、シート上に設置したボタンで初期値としてブランクを代入します。よって、完了ボタンでフォームを閉じるときだけ、SelCityNameに値を代入すればいいわけです。

最後は、コンボボックスのイベントです。

▼ Source Code 5-6-c ［コンボボックスのプロシージャ］　　5-6.xlsm

```
'都県選択
Private Sub ComboBox1_Change()
Dim i As Integer
Dim clmNo As Integer
    '選択削除
    If Me.ComboBox1.ListIndex = -1 Then
        Me.ListBox1.Clear
    'どれかが選択された
    Else
        clmNo = Me.ComboBox1.ListIndex + 2
        Me.ListBox1.Clear
        With Sheets("cities")
            For i = 1 To 100
                If .Cells(i, clmNo) = "" Then Exit For
                Me.ListBox1.AddItem .Cells(i, clmNo)
            Next i
        End With
    End If
End Sub
```

コンボボックスの選択が削除されると、ListIndexに-1が入ります。このイベントのソースコードでは、ListIndex = -1か、それ以外かで処理を判断しています。

## データのレイアウトは、プログラムで使いやすいように

　図5-6-2のデータレイアウトですが、A列の都県名の順にB列以降に並んでいます。特にIDなどで管理しているわけではありません。この並び順がプログラムを簡単にしているのです。

　A列はコンボボックスにセットする値であり、選択時は、この並び順で表示されます。最初の「東京都」が選ばれたら、ListIndexには0が、2番目の「神奈川県」が選ばれたら1が入ります。つまり、コンボボックスのListIndex＋2列目が、その都県の都市名がある列番号となります。

　都県名にAやBなどの区分を振り、都市名をA01やB01といったIDで管理し、区分で始まるIDを探し出すという方法より、はるかに簡単で作りやすいソースコードなります。

　このプログラムの肝は、あるコントロールのイベントで、他のコントロールに影響を与えるデータを設定するという点です。慣れないうちは、コントロールのイベントに書けるソースコードは、そのコントロールに関することのみと、思いがちになります。

　フォームのイベントで、コンボボックスの値をセットする、コンボボックスのイベントで、リストボックスの値をセットするなど、動きに合わせてコントロールの連携が必要になります。

## コントロールの活用が、プログラム化の発想の源

　これくらいのプログラムがさっと組めるようになると、プログラム作成がとても楽しくなります。効率的なコーディングの仕方や、コントロールを有効活用した発想など、プログラム作成の幅が広がっていくことでしょう。

　最後に、シート上のボタンのソースコードを紹介します。フォームを呼び出す前にSelCityNameにブランクを入れ、フォームが閉じて制御が戻ったあとに、セルA1に都市名を書き出しています。

コンボボックス・リストボックスの連携──コントロールの活用　**5-6**

▼ Source Code 5-6-d　[シート上のボタン]　　　　　　　`5-6.xlsm`

```
Private Sub CommandButton1_Click()
    SelCityName = ""
    UserForm1.Show
    If SelCityName <> "" Then
        Range("A1") = SelCityName
    End If
End Sub
```

## POINT

　処理の流れに沿ったコントロールの連携で、思い通りの処理が可能になります。正しくない操作に対するケアも忘れずに行うようにしましょう。

　また、コンボボックスやリストボックスにデータを展開させるとき、どのようにデータをもつのかによって、コーディングの簡潔さが決まります。

# 5-7

使用ファイル：5-7.xlsm

## データを推理して当てる
――シート上の仕掛けと関数の組み合わせの発想

　今回の例題は、一層の発想力を必要とするもので、思い付いてしまえば、それほど難しいプログラムではありません。ぜひ挑戦して下さい。

　maildataというシートのセルA1に、メールアドレスが入力されています。そのメールアドレスが知りたいのですが、そのシートは開くことができません。A1の値を変数に代入したり、参照や比較することは可能ですが、その変数の値を別のセルに書き出したり、Debug.PrintやMsgBoxで表示することは不可だとします。さて、どんな方法があるでしょうか。

## 取っ掛かりを見つける

　変数に入れたとしても、値を書き出すことができないんですよね。それでどんなメールアドレスなのかを知りたい。まるで雲を掴むような話ですね。

　シート「maildata」のセルA1には、メールアドレスが入っている前提ですが、もしかしたら空白かもしれませんし、メールアドレスではない文字列が入っている可能性も、プログラムとしては考慮しなければなりません。

　空白なら「= ""」で比較すればわかります。メールアドレスがどうかの判断は、4-3でも取り上げたように「@」があるかどうかで判断すればいいですね。

　その例題のときと同じように、メールアドレスとして正しいかどうかの厳密な判断は必要ありません。使える文字は「a～z」「0～9」及び「-」「_」「.」とします。
　maildataのA1にある文字列を推理するというか、探り当てるプログラムと考えて下さい。

それでも、まだ何から考えていいのかさっぱり…。

　maildataのA1が、メールアドレスかどうかは「@」が含まれているかどうかで判断ですよね。「@」の前の1文字はどうやったらわかりますか。

 おそらく、それがわかればさらに一つ前の文字は何かとか、「@」の一つ後ろの文字は何で、二つ後ろは何かが、同じ考え方で判明するんですよね、きっと。

　まさにその通りで、着眼点はいい線いってます。
　「@」の一つ前の文字は「a～z」「0～9」及び「-」「_」「.」のいずれかです。メールアドレスのルール的には、「@」の一つ前の文字が「-」「_」「.」はあり得ませんが、このプログラムでは、他の場所の文字を調べるのと同じ処理にします。
　仮に「@」の一つ前の文字が「a」だったとします。その一つ前は、やはり「a～z」「0～9」及び「-」「_」「.」のいずれかです。
　つまり、「@」の一つ前の文字を調べるとき、「a@」～「z@」が、maildataのA1に含まれているかどうかを調べればわかります。

 なるほど。「@」より前の文字列、つまりアカウントを調べるのに「@」から1文字ずつ先頭方向に向かって、「a～z」「0～9」及び「-」「_」「.」のそれぞれと「@」を組み合わせた文字を、文字列検索用のInStr関数で調べていけばいいのですね。

　仮に「a@」がmaildataのA1にあったとします。次は「aa@」「ba@」「ca@」…と、順にInStrで調べていけば、何かしらの文字列が見つかります。これを繰り返して、文字列が見つからなくなれば、アカウントの文字列は完成です。

 同様に、「@」以降の文字列、つまりドメインを調べるのも、それまでに判明した文字列と、「a」から順にInStrで調べていけばわかるわけですね。

# 第5章 発想力と論理的思考力を高めるための例題≪応用編≫

ロジックの概要はわかったようですね。具体的には、どんなコーディングにしましょうか。

## コーディングしやすい、シート上の仕掛け

まず、メインシートのA列に「a～z」「0～9」「-」「_」「.」を書いておくことにします。そうすると、全部で39個の文字になります。メールアドレスを入れる変数を「emAdd」として、初期値は "@" を入れておきます。

▼図5-7-1 メインシート

| | A | B |
|---|---|---|
| 1 | 0 | |
| 2 | 1 | |
| 3 | 2 | |
| 4 | 3 | |
| 5 | 4 | |
| 6 | 5 | |
| 7 | 6 | |
| 8 | 7 | |
| 9 | 8 | |
| 10 | 9 | |
| 11 | a | |
| 12 | b | |
| 13 | c | |
| 14 | d | |
| 15 | e | |
| 16 | f | |
| 17 | g | |
| 18 | h | |

ざっくりの説明ではなく、かなり具体的に説明できるようになりましたね。さらに、「a～z」などの調べる文字をシート上に書き出しておくというアイディアも、とてもいいです。

まずは、「@」の左の文字列を調べる処理をします。A列の1行目から順にemAddと結合して、maildataのA1とInStrでemAddと調べ、該当なしなら次の行、該当ありなら、その文字を結合させたままにして、次の行の文字を結合して… を繰り返します。

アカウントの完成はどう判断しますか。

InStrで1行目から39行目まで調べ、一つでも該当ありならフラグを立て、また1行目から繰り返し、全て該当なしならフラグがOFFのままなので、調べ終わり、つまりアカウントが完成ということになります。

では、アカウントを調べるまでをコーディングしてみましょう。

データを推理して当てる──シート上の仕掛けと関数の組み合わせの発想　**5-7**

▼ Source Code 5-7-a　　　　　　　　　　　　　　　　　　　　`5-7.xlsm`

```vb
Private Sub CommandButton1_Click()
Dim i As Integer
Dim j As Integer
Dim flag As Boolean
Dim emAdd As String
Dim mailCell As Range
Dim buff As String
    Range("B1") = ""
    emAdd = "@"
    Set mailCell = Sheets("maildata").Range("A1")
    If mailCell = "" Or InStr(mailCell, emAdd) = 0 Then
        Exit Sub
    End If
    For i = 0 To 300
        flag = False
        For j = 1 To 39
            buff = Cells(j, "A") & emAdd
            If InStr(mailCell, buff) > 0 Then
                emAdd = buff
                flag = True
            End If
        Next j
        If Not flag Then Exit For
    Next i
    Range("B1") = emAdd
End Sub
```

## 変数はIntegerやStringだけではない

　今回は、初めてRange型の変数を使っています。

　Set mailCell = Sheets("maildata").Range("A1") とすると、シート「maildata」のセルA1を「mailCell」という変数で扱うことができます。mailCellは「Rangeオブジェクトを扱うオブジェクト変数」となり、「Worksheet型」や「Shape型」と同類になります。

　「mailCellは、maildataというシートのセルA1として扱います」ということな

229

ので、代入文ではないため、先頭に「Set」を書きます。

　まず、「mailCellがブランク」か「"@"を含まない文字列」だったら処理を行わず、Exit Subをしています。

　二重ループの外側、iで回るループは、アカウントが何文字あるかわからないので、300文字あれば十分という判断で、i = 0 To 300で回しています。
　jで回る内側のループは、「a～z」「0～9」「-」「_」「.」の各文字を、1個ずつemAddと結合させるためです。
　iのループでは、jのループの前にflag = Falseにしておき、jのループでTrueにならなければ、もう調べる必要なしということなので、Exit Forしています。jのループでflagがTrueになるのは、InStrで該当ありになったときです。

　最後は、セルB1にemAddの値を書いています。そのために、事前にセルB1にはブランクを代入しています。これにより、mailCellがブランクでプロシージャを抜けた場合には、前回の値がクリアされることになります。

## ほぼ同じ処理は、既存のコードをちょこっと修正すれば済む

アカウントを調べるコードはこれで完成ですね。次はドメインを調べるので、セルB1にemAddを書く前に追加します。

　さて、どうしましょうか。

処理的には、アカウントを調べるのとほとんど同じ処理になります。違いは、アカウントは「@」の左方向なので、文字を左に順次結合していたのに対し、ドメインは右方向に調べるので、文字を右に結合すればいいだけです。

　文字の結合は「buff = Cells(j, "A") & emAdd」で行っています。この1文を結

合の順序を入れ替え「buff = emAdd & Cells(j, "A")」とすればいいだけですね。

なので、iのループの外にもう一つループを加えて三重ループにします。仮にループカウンタをkとしたら、「k = 0 To 1」と2回ループさせ、文字列の結合をする際に、kの値でbuffにどういう値を入れるか変えます。

では、三重ループの箇所だけ紹介します。

▼ Source Code 5-7-b　追加したkのループとその中　　　5-7.xlsm

```
For k = 0 To 1
    For i = 0 To 300
        flag = False
        For j = 1 To 39
            buff = IIf(k = 0, Cells(j, "A") & emAdd, emAdd & Cells(j, "A"))
            If InStr(mailCell, buff) > 0 Then
                emAdd = buff
                flag = True
            End If
        Next j
        If Not flag Then Exit For
    Next i
Next k
```

セルの値は、取得や参照は可能だけれど、表示はできないという、ちょっと特殊な前提でしたが、未入力などへの対処を除けば、セルに書かれているメールアドレスを、たった13行のプログラムで調べることができました。

最初は、まったく想像もできないプログラムでしたが、思い付いてしまえば、それほど難しいプログラムでないというのが、まさにその通りだと思いました。

今回のプログラムの発想の取っ掛かりは、文字列の中にある「@」に着目したことと、InStrを活用することでした。

第**5**章　　発想力と論理的思考力を高めるための例題≪応用編≫

　このことだけでも、プログラムを作るには、発想力が必要不可欠であることを、実感してもらえるのではないでしょうか。

---

### TIPS
## 「@」以外でも可能？

　メールアドレスとして満たす基準には、「@」が必ずあることだけでなく、「.」も一つ以上、必ず必要です。そこで、メインシートのA列の40行目に「@」を追加し、ソースコードの「emAdd = "@"」を「emAdd = "."」に修正、jのループを39から40までにすれば、maildataのセルA1を調べることができます。

---

### TIPS
## 普通の文字列

　この例題は、メールアドレス以外の普通の文字列でも、通用するロジックでしょうか。答えはYESです。

　前提条件として、使われている文字の種類は分かっていることとし、仮に「a～z」と「0～9」の36種類の文字で構成されている文字列で考えてみましょう。

　まず最初にすることは、36種類のうちどれか一つ、使われている文字を特定することです。36種類の文字を順に調べていきます。仮に「t」が使われていたとしましょう。

　メールアドレスで「@」を起点に前方向、後ろ方向と調べて行ったのと同様に、「t」を起点に同じ処理をします。

　もしくは、Left関数で先頭の文字を特定し、後ろ方向に順に調べていくという方法も有効です。

---

### POINT

　「データを調べる」ということは、可能性のある全てのパターンとマッチングするということです。「@」の前の1文字を調べるのに、39個とマッチングして一つの正解を探し出しています。

使用ファイル：5-8.xlsm、file5-8.csv

# テキストファイルを扱う
## ——業務プログラムの幅を広げるスキル

　業務では、データファイルとして、Excelファイルだけでなく、テキストファイルを扱うことも多いでしょう。今回の例題では、テキストファイルを扱うには、どうすればいいかを学んでいきます。

先日も、取引先から送られてきたデータがExcel形式ではなかったので、どうしていいかわからず、一度Excelに取り込んで、Excelファイルとして保存してから処理しました。

　そのときのファイル形式、つまりファイルの拡張子はなんでしたか。

確か「.csv」だったと思います。他にも「.txt」という拡張子だったり「.dat」だったり、という場合もあります。どう違うのでしょうか。

## テキストファイルとは？

　いずれも「テキストファイル」に分類されるもので、互換性が高くさまざまなアプリで扱うことができます。その中で拡張子が「.csv」のファイルを「CSVファイル」と呼びます。**CSVは「Comma Separated Value」の略で、データがカンマで区切られているのが特徴です。**
　例えば、商品IDと商品名とメーカー名で構成されている場合、「商品ID,商品名,メーカー名」のように区切られています。
　一方、カンマ区切りでないテキストファイルの場合は、各項目の桁数が決められていて、桁数ごとに取り出すと、商品ID、商品名、メーカー名がわかるというわけです。「固定長ファイル」という言い方をしたりします。

# 第5章 発想力と論理的思考力を高めるための例題≪応用編≫

1行の中が、カンマで区切られているか、桁数が決められている固定長かの違いはあっても、VBAでの操作、データの読み書きは同じなのですね。

　その通りです。
　テキストファイルを扱えるようになると、業務プログラムの幅が広がりますし、さらなる発想力も身に付きます。さまざまな方法がありますが、もっとも簡単な方法を紹介します。

---

**注意**

## CSVファイルをダブルクリックで開くと…

　ファイル一覧からテキストファイルをダブルクリックすると、環境によってメモ帳で開いたり、ときにはExcelで開いたりすることもあります。どのプログラムで開くかは、パソコンの「既定のアプリ」の設定によります。
　特にCSVファイルは、カンマで区切られている性質上、Excelで開くのに適しているので、パソコン出荷時の既定のアプリの設定が、CSVファイル=Excelになっていれば Excel で開きます。

---

　今回用意したテキストファイルは、**図5-8-1**のようなCSVファイルです。

　「区分ID」と「キーワード」で構成され、カンマで区切られています。データ数は100件前後といったところです。

　処理としては、一度ファイルの全データをシート上に展開し、同ファイル名で拡張子を「.txt」に変えたファイルに書き込むことにします。

▼図5-8-1 CSVファイル

234

その際、区分IDを一番長い桁数に合わせる加工をします。

 とりあえず、テキストファイルのハンドリングの簡単な方法を覚えて、今後に活かす… ですね。

4-10で、他のExcelファイルを活用するケースと同じで、テキストファイルがどのフォルダにあるかを決めておかなければなりません。業務プログラムにおける、運用ルールの取り決めです。

今回は、プログラムと同じフォルダに置き、入力ファイルは「file5-8.csv」、出力ファイルは「file5-8.txt」とします。

## テキストファイルを開くには、開く目的(モード)を指定

まずは、入力ファイルを開き、閉じるだけのコーディングをしてみましょう。ファイルの有無も確認します。

▼ Source Code 5-8-a　ファイルを開いて閉じるだけ　　5-8.xlsm

```
Const CSVFILE = "file5-8.csv"
Private Sub CommandButton1_Click()
Dim inFname As String
    inFname = ActiveWorkbook.Path & "\" & CSVFILE
    If Dir(inFname) = "" Then
        MsgBox "データファイルが見つかりません", vbCritical, "ERROR"
        Exit Sub
    End If
    Open inFname For Input As #1
    Close #1
End Sub
```

テキストファイルを開くには、Openステートメントを使用します。構文は「Open ファイル名 For Input As #番号」です。

ファイル名はフルパスで指定し、Inputは読み込みモードでファイルを開くことを表し、#番号は任意の値を設定します。通常は1から始め、複数のファイル

第5章 ......... 発想力と論理的思考力を高めるための例題≪応用編≫

を同時に開くときには、別の番号を振ります。

　ファイルを開いたあとのデータの読み込みと、ファイルを閉じる際には、この番号を使用します。「Close #1」がファイルを閉じています。ForとAsは「そこに書くもの」として、覚えて下さい。

---

**TIPS**

## 複数ファイルを同時に開く

　Openステートメントで使用しているファイル番号は、#1としましたが、任意の値で構いません。

　#1を指定してOpenしたファイルを、Close #1とすれば、次にOpenで開くファイルは、また#1を使用できます。Forループの中でOpenとCloseを繰り返すとき、毎回#1を指定しても問題ありません。

　一方、複数のファイルを同時に開くときには、ファイル番号は別のものにしなければならず、開くファイルの数がわかっている場合には、#1、#2、#3…とすればOKです。

　もし、同時に開くファイル数が不定の場合には、使用可能なファイル番号を返す「FreeFile」という 関数が用意されています。

　fn = FreeFile のように記述します。変数fnはInteger型です。

　Openステートメントで使用する際には、「#」は付けずに、「Open ファイル名 For Input As fn」と記述します。

---

次に、開いたテキストデータから、データを読むコードです。

▼ **Source Code 5-8-b　データを読み込む**　　　　　　　　`5-8.xlsm`

```
Do Until EOF(1)
    Line Input #1, buff
    Debug.Print buff
Loop
```

　データを読み込むには、Line Inputステートメントを使います。構文は「Line Input #番号, 変数」です。

　番号は、Openステートメントで使用した番号を指定し、読み込んだデータを格納するString型の変数を、そのあとに指定します。上記コードでは、buffです。1回のLine Inputでテキストデータの1行分がbuffに読み込まれます。

236

ファイルを開く。データを読む。ファイルを閉じる。Excelファイルでもテキストファイルでも、ほとんど同じ処理になるのですね。

## ほとんど定型文みたいなもの

　Line Inputを囲んでいるDo〜Loop文ですが、この書き方でデータの最終行まで読み込むことができます。

　EOFはVBAの関数です。引数には、ファイル番号を渡します。「#」は付けません。EOF関数は、読み込みポイントがファイルの最後に達するとTrueを返します。

　つまり「Do Until EOF(1)」は、EOFの戻り値がFalseの間、ずっと繰り返すということになります。

　この使い方は理屈ではなく、「こういうもの」として、無条件で覚えて下さい。

フルパスでファイル名を指定することや、事前にファイルの有無を調べることなどを含めて、外部ファイルをハンドリングする「決まり事」として覚えておけばいいですね。

　Do〜Loopの中のDebug文の結果が、**図5-8-2**です。最終の98行目まで、正しく読み込めたことが確認できます。

▼図5-8-2　**結果**

buffには、カンマも文字列の一部として格納されているので、シート上にデータを展開するにあたり、Split関数を使って分ければいいんですね。

　素晴らしい！　と言いたいところですが、CSVファイルを読み込むときには、もっと便利なステートメントがあります。

えっ！？　そうなんですか？

　Split関数を使うのも、間違いではないですが、Line Inputステートメントの代わりに、Inputステートメントを使います。構文は「Input #番号, 変数1, 変数2, …」です。カンマでデータを分け、変数1、変数2に自動で格納します。

 CSVファイルを読み込むときには、とっても便利ですね。だったら、そのままシートのA列とB列に書き出すこともできますね。

　それがややこしい話で、Inputに指定するのは、変数でなければダメなのです。Cellsなどで、直接シートに書き出すことはできません。Inputステートメントでは「読み込み先変数が必要」ということでしょう。
　なので、Inputで二つの変数にデータを取り、それぞれセルに書き出すようにします。合わせて、buffの最長桁数も調べるようにします。

▼ Source Code 5-8-c　Inputで分けて読み込みセルに書き出す　　5-8.xlsm
```
    mbLen = -1
    rowIdx = 1
    Do Until EOF(1)
        Input #1, buff, buff2
        Cells(rowIdx, "A") = buff
        Cells(rowIdx, "B") = buff2
        rowIdx = rowIdx + 1
        If Len(buff) > mbLen Then mbLen = Len(buff)
    Loop
```

　コードは、Openステートメント以降に入ります。
　rowIdxはInteger型で、行番号なので初期値は1です。buff2は、buffと同じString型で宣言しています。
　「一番大きい値を知る」は、第3章で学んだ考え方で、mbLenに入ります。

 あとは、txtファイルに書き出す処理の追加ですね。

その前に、Inputで読み込む際の注意点です。Inputには、データを読み込む先の変数を、カンマで区切られたデータ分指定しますが、カンマの数が合わないデータ行があると、エラーになります。何もないデータ行でも、カンマの数は合わせなければなりません。

## 上書きか、追加か

テキストファイルに書き出すには、やはりOpenステートメントを使い、開くモードを「Output」とします。他には「Append」というモードがあります。

どちらのモードで開いても、ファイルが無ければ新規作成します。すでにファイルが存在する場合、「Output」は上書き、「Append」は最終行に追加するという違いがあります。

---

**TIPS**

### Openステートメント

ファイルを開くモードは他にもありますが、今のところは、読み込むときにはInput、書き込むときにはOutputかAppendと覚えておけば問題ありません。

OutputもAppendも、指定したフォルダが無ければエラーになります。

---

以下が、書き込み処理のコードです。Inputで開いたファイルを「Close #1」としたあとに書いています。

▼ Source Code 5-8-d　txtファイルへ書き込み　　　　　`5-8.xlsm`

```
'書式変換のため
fmt = "!"
For i = 1 To mbLen
    fmt = fmt & "@"
Next i
'出力ファイル名
outFname = Left(inFname, Len(inFname) - 3) & "txt"
Open outFname For Output As #1
For i = 1 To rowIdx - 1
```

```
        buff = Format(Cells(i, "A"), fmt) & Cells(i, "B")
        Print #1, buff
    Next i
    Close #1
    MsgBox "処理が終了しました"
```

　ファイルへの書き込みは「Print」ステートメントで行います。ファイル番号を指定し、書き込む内容を記述します。Printは、自動的に「改行」が入ります。

　実行すると「file5-8.txt」が作成され、中身は**図5-8-3**のようになりました。区分IDが全て揃っている固定長形式になっています。
　区分IDを最長の長さに合わせるのは、Format関数で行っており、A列の値を"!@@@@@@@@@@@"の形式で変換します。変数mbLenには最長の桁数が入っており、変数fmtに変換形式を組み立てています。

　出力するファイル名は、入力ファイル名の拡張子分の3桁を変更して、変数outFnameに入ります。

▼図5-8-3　結果

```
A01         ストラテジ系
A01B01      企業と法務
A01B01C01   企業活動
A01B01C0101経営・組織論
A01B01C0102OR・IE
A01B01C0103会計・財務
A01B01C02   法務
A01B01C0204知的財産権
A01B01C0205セキュリティ関連法規
A01B01C0206労働関連・取引関連法規
A01B01C0207その他の法律・ガイドライン・技術者倫理
A01B01C0208標準化関連
A01B02      経営戦略
A01B02C03   経営戦略マネジメント
A01B02C0309経営戦略手法
A01B02C0310マーケティング
A01B02C0311ビジネス戦略と目標・評価
A01B02C0312経営管理システム
A01B02C04   技術戦略マネジメント
A01B02C0413技術開発戦略の立案・技術開発計画
A01B02C05   ビジネスインダストリ
A01B02C0514ビジネスシステム
A01B02C0515エンジニアリングシステム
```

> 外部のテキストデータを扱うのは、それほど難しいことではないような感じですね。

　今回の例題で、「テキストデータを読む」「テキストデータに書く」の基本的な流れ、構文、決まり事などをしっかり身に付けられれば、いい感じで業務プログラムに活かせるのではないでしょうか。

> 「やりたいこと」「やれること」が増え、作れる業務プログラムの幅が確実に広がったと思います。

テキストファイルを扱う──業務プログラムの幅を広げるスキル **5-8**

---

**注 意**

## Openエラーに備える

　Dirでファイルの有無を確認したにも関わらず、Openでエラーになることは、まずありませんが、絶対にないとも言いきれません。

　昔のパソコンでは、ファイルを書き込むHDの不具合、不調などでファイルの存在はクリアできても、開こうとするとエラーになるようなことは、少ないですがあり得ました。今はあまり心配は要りませんが、外部ファイルを扱うときには、念のためOn Errorを設定することをお勧めします。

　もし、Inputで読み込むコーディングで、データファイルのカンマの数が絶対に正しいと保証できない場合は、On Errorはお勧めではなく、必須です。

---

**POINT**

　テキストファイルをVBAで扱うときには、扱いたいファイルの有無、保存場所、開くモード、読み込むときのEOF、書き込むときのモードなど、覚えること、気にすることがたくさんありますが、決まっているルールのようなものなので、理解してしまえばそれほど難しいことではありません。

　ちょっとしたデータなら簡単に作れて、ファイルサイズも小さくて済むテキストファイルは、使い勝手がいいファイルです。しっかりハンドリングできるようにしましょう。

# 5-9

使用ファイル：5-9.xlsm

## 「マクロの記録」を正しく活用

皆さんの中には、一連の処理を「マクロの記録」機能でコード化し、活用している方もいれば、逆に、記録されたソースコードを見ても、普段自分で書いている内容と違いがあり、よくわからないと敬遠している方もいるのではないでしょうか。

「マクロの記録は自力でコーディングできない人が利用する機能である」とか、「VBAを学ぶ人は使うべきではない」というものではありません。

複雑なロジックやさまざまなケースを想定した処理、エラーへの対処などは「マクロの記録」ではコード化できませんが、場合によっては、有効に活用することもできます。

また、「マクロの記録」で作成されたコードをじっくり見ることによって、コーディングのヒントになることがたくさんあります。

私がレッスンしている生徒さんからも、「記録したコードは、そのまま使うだけで、使い勝手がいいようにカスタマイズしたい」と、たびたび相談されます。

そのような方向けに、「マクロの記録」で作成されたVBAコードを、どのように使いこなせばいいかを、5章の最後に説明していきます。

### 記録コードを活用する基礎

セルA1の値を Ctrl + C でコピーし、セルB1に Ctrl + V でペーストする処理を、マクロで記録してみましょう。すると、次のようなコードになります。

▼ Source Code 5-9-a　Macro1　　　　　　　　　　　　　　　　　5-9.xlsm

```
Sub Macro1()
    Range("A1").Select
    Selection.Copy
    Range("B1").Select
    ActiveSheet.Paste
End Sub
```

　これを、コマンドボタンが押されたときに実行させるなら、

```
Private Sub CommandButton1_Click()
    Call Macro1
End Sub
```

と、呼び出します。もしくは、記録されたコードを、CommandButton1_Click
にコピーする方法もあります。
　これが、記録されたマクロの使い方の基本です。


## 記録されたコードには、無駄がいっぱい!

　先ほどのMacro1のソースコードを見ると、CopyやPasteをする際に、一つ
ひとつをSelectしています。別シートのセルへコピーするなら、Sheets("???").
Selectも追加されます。無駄が多いですし、決して美しいコードとは言えません。

　Selectメソッドは、当然省略できますので、先ほどのMacro1は、次のように
書くことができます。

```
Range("A1").Copy
Range("B1").PasteSpecial
```

　さらに、Copyメソッドは、引数として貼り付け先を指定できますので、もっ
とすっきりしたコードにすることができます。

```
Range("A1").Copy Range("B1")
```

代表例としてSelectを取り上げましたが、他にも無駄な部分があります。省略できるもの、簡素化して書けるものなどを、1ステップずつ確認しながら行ってみて下さい。

## 記録されたコードを使用した、そのあと

　Macro1をCallで使用しているCommandButton1ですが、実行後、コピー元のセルA1は、破線で点滅表示したままになっています。これは、Macro1を実行後も、コピペ状態が継続されているからです。試しに、CommandButton1でMacro1を実行後、他のセルを選択し Ctrl + V を実行すると、セルA1の内容が貼りつけられます。

　Macro1を利用しているCommandButton1が、そのあと、処理が続き、コピペ状態が解消されればいいのですが、これで処理が終わりなら、破線の点滅は気になります。
　そのときは、「Application.CutCopyMode = False」の1ステップを追加します。これは、コピペ状態を解除するものです。
　「マクロの記録」を行う際に、コピペ後に Esc キーを押し、コピペ状態を解除するところまで記録すれば、このステップも記録されます。

　コピペではなく、列の挿入や削除などで、列が選択状態のままなのを解除するには、どうすればいいでしょうか。

　任意のセルをSelectすれば解除されます。マウス操作でも、列を削除したあと、どこかのセルをクリックすると、列の選択状態が解除されますよね。それと同じ働きです。

## いきなり実行するのは怖い！

　「マクロの記録」だけで作られた業務プログラムは、正しい手順を踏まないと予

期せぬ結果になったり、重要なデータが消えたりして、混乱を招くことがあります。このようなことが、1章で紹介した「マクロはデリケート」という発言に、つながるのではないでしょうか。

プログラムを実行して行われた処理は、[Ctrl]+[Z]では、元に戻りません。

VBAのコーディングをしっかり学んでいる方や、本書の例題をじっくり読んで頂いた方なら、プロシージャの最初にエラーチェックを行うことは、すでに頭の中に叩き込まれていることでしょう。

同様に、正常処理を行う前にも、MsgBoxで処理の確認をさせることが、業務プログラムの基本です。

本書でたびたび解説している、「ユーザーに合わせたプログラム」であり、理想は、どんな処理をするかは、「ボタンを押せばわかる」です。

ボタンを押したら「○○を行います。[はい/いいえ]」があるのはすごく安心しますし、業務プログラムっぽく見えます。

Sheet1には、H列を削除するボタンが二つあります。

確認ありのほうは、**図5-9-1**のように、ユーザーに削除する意思を確認します。不注意でデータが消えてしまうことを防ぐことができ、ユーザーに安心して利用してもらえます。

▼図5-9-1　確認MsgBox

**マクロの記録で作ったコードを使う場合、処理の確認を追加しましょう。また、皆さんがいま業務で使っているプログラムが、いきなり処理を開始してしまうなら、全てのプログラムにMsgBoxを入れておきましょう。**

## 記録されたコードを解明してみる

別の例を見てみましょう。5-9.xlsmのSheet2に、テストの成績表を作成しました（**図5-9-2**）。ボタンを押すと、成績順に並べ替えするプログラムを作ります。

この処理なら、一からコーディングすることも可能ですが、Excelの「並べ替え」

# 第5章 発想力と論理的思考力を高めるための例題≪応用編≫

機能を有効に使うほうが便利です。「マクロの記録」を使って並べ替えを実行し、記録されたコードをコマンドボタンにコピーすることにします。

記録させるための並べ替え操作は、A列～H列までの列全体を選択し、「先頭行を見出しにする」のチェックを入

▼図5-9-2　成績表(Sheet2)

| | A | B | C | D | E | F | G | H |
|---|---|---|---|---|---|---|---|---|
| 1 | 番号 | 氏名 | 国語 | 数学 | 英語 | 化学 | 地理 | 合計 |
| 2 | 1 | 佐藤 | 75 | 67 | 75 | 70 | 68 | 355 |
| 3 | 2 | 鈴木 | 81 | 80 | 68 | 79 | 80 | 388 |
| 4 | 3 | 高橋 | 57 | 55 | 71 | 66 | 59 | 308 |
| 5 | 4 | 田中 | 84 | 91 | 88 | 80 | 67 | 410 |
| 6 | 5 | 伊藤 | 67 | 81 | 74 | 65 | 80 | 367 |
| 7 | 6 | 渡辺 | 60 | 68 | 62 | 72 | 80 | 342 |
| 8 | 7 | 山本 | 76 | 84 | 59 | 88 | 72 | 379 |
| 9 | 8 | 中村 | 91 | 80 | 90 | 76 | 66 | 403 |
| 10 | 9 | 小林 | 68 | 75 | 68 | 79 | 91 | 381 |
| 11 | 10 | 加藤 | 58 | 68 | 92 | 74 | 69 | 361 |
| 12 | 11 | 吉田 | 81 | 86 | 74 | 60 | 68 | 369 |
| 13 | 12 | 山田 | 74 | 64 | 81 | 88 | 74 | 381 |

れ、並べ替えのキーは「合計」、順序は「大きい順」で実行しました。記録されたものが次のコードです。

▼ Source Code 5-9-b　成績順に並び替え　　5-9.xlsm

```
Private Sub CommandButton1_Click()
    Columns("A:H").Select
    ActiveWorkbook.Worksheets("Sheet2").Sort.SortFields.Clear
    ActiveWorkbook.Worksheets("Sheet2").Sort.SortFields.Add _
    Key:=Range("H2:H13"), SortOn:=xlSortOnValues, _
    Order:=xlDescending, DataOption:=xlSortNormal
    
    With ActiveWorkbook.Worksheets("Sheet2").Sort
        .SetRange Range("A1:H13")
        .Header = xlYes
        .MatchCase = False
        .Orientation = xlTopToBottom
        .SortMethod = xlPinYin
        .Apply
    End With
End Sub
```

実行すると、成績の良い順に並べ替えが行われます。エラーもありません。

記録されたコード、ちゃんと字下げをしてありますし、パッと見は大丈夫そうです。でもよく見ると、内容についてはさっぱりわかりませんが、無

駄があるということは、何となくわかります。

　ここまでの状態でこのソースコードを使用するということでも、問題はありません。心配な方はこのまま使用して下さい。ただし、シート名が「Sheet2」と固定になっているので、変更されたら正しく動きません。その点を注意して下さい。

## 手直しの初めの一歩

　本書で学んできた知識を生かして手直しすれば、もっと見やすく汎用性があるものにすることができます。さっそく挑戦してみましょう。
　まず、プログラム実行後、A列〜H列までが選択状態になっていますので、End Subの前に、「Range("I1").Select」を追加します。Rangeでの指定は、セルI1でもセルH1でも、どこでも構いません。
　次に、明らかな無駄を省きましょう。処理を実行するボタンに、記録したコードをコピーしているので、「ActiveWorkbook」は不要ですし、ボタンはSheet2に設置してありますので、「ActiveSheet.Sort.…」という記述にします。

## Sort条件設定箇所で省略できるもの

　Sortオブジェクトの「SortFields」コレクションを使用している2行ですが、「Sort.SortFields.Clear」はそのまま残しておきます。
　「SortFields.Add」では、条件設定を行っていて、ここにも省略できるものがあります。
　「Key」は並べ替えの基準セルなので、省略できません。
　「SortOn:=xlSortOnValues」は、セルのデータで並べ変えるという指定で、省略可です。
　「Order」は、並び替えの昇順／降順を指定し、定数「xlAscending」か「xlDescending」を指定します。省略するとxlAscendingなので、今回は省略しません。
　「DataOption」は、並べ替えするデータに、数値と文字が混在するときに、どのようにするかを指定するものです。省略すると「xlSortNormal」が適用されます

第 **5** 章 ............ 発想力と論理的思考力を高めるための例題≪応用編≫

し、そもそも今回は数値のみです。よって省略可です。

　以上を踏まえて、コードを簡素化すると、Source Code 5-9-b で3行に渡って記述していた1ステップを「Key:=Range("H2:H13"), Order:=xlDescending」と、すっきりさせられます。

## Sort実行箇所で省略できるもの

　Withで括られたSortオブジェクトのプロパティに、値を設定して実行していますが、ここにも省略できるものがあります。

　「SetRange」は、並べ替えする範囲です。マウス操作では、A～Hまで列ごと選びましたが、Excel側でデータのある箇所を判断し、「Range("A1:H13")」としています。これは省略できません。

　「Header」は、選択した範囲の先頭行がタイトル行かどうかを指定します。並べ替えを記録させるとき、マウス操作で「先頭行を見出しにする」のチェックを入たので、定数「xlYes」が指定されています。SetRangeを「Range("A2:H13")」として、Headerを「xlNo」としても、結果は同じです。省略した場合は「xlNo」となりますので、SetRangeを修正し、Headerは省略しましょう。

　「MatchCase」は、大文字と小文字を区別するかどうかです。文字は無く、数値だけなので省略可です。

　「Orientation」は、並べ替えの方向を指定します。行方向なら「xlSortColumns」または「xlTopToBottom」、列方向なら「xlSortRows」または「xlLeftToRight」です。既定値は行方向なので、省略可です。

　「SortMethod」は、日本語を並べ変えるときの指定で、ふりがなで行うか、文字の画数で行うかです。既定値はふりがなですが、今回は数値だけですので、省略可です。

　「Apply」は並べ替えの実行をしています。

　条件設定箇所と実行箇所で省略できるもの、簡素化できるものを取り入れたコードは、次のようになります。

248

▼ Source Code 5-9-c　簡素化版　　　　　　　　　　　　　5-9.xlsm

```
Private Sub CommandButton1_Click()
    Columns("A:H").Select
    ActiveSheet.Sort.SortFields.Clear
    ActiveSheet.Sort.SortFields.Add Key:=Range("H2:H13"), _
    Order:=xlDescending
    With ActiveSheet.Sort
        .SetRange Range("A2:H13")
        .Apply
    End With
    Range("I1").Select
End Sub
```

 とてもすっきりしたコードになりましたね。

　記録されたコードを、何となくそのまま使うより、各プロパティの内容や既定値を調べることにより、自分のものとして活用することができます。

## さらにカスタマイズ

　簡素化されたSource Code 5-9-cですが、このままだと人数の増減があったときにプログラムの修正が必要ですし、科目で並び替えをしたいときに困ってしまいます。
　「マクロの記録」で作成されたコードを、さらに実践で使えるプログラムにしていきましょう。

　シート上に、**図5-9-3**のように、並べ替え項目と並び順を設定し、並べ替えを実行するプログラムを作成します。

▼図5-9-3　シート上のフォーム

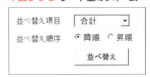

第5章 発想力と論理的思考力を高めるための例題≪応用編≫

　現在は、13行目までデータがありますが、当然、人数が増えても対応できるようにするのですね。

　はい、その通りです。
　その他の工夫として、並べ替え項目で「番号」が選ばれたら、その意味は、成績順で並べたものを元に戻すためと考え、並べ替え順序を昇順に、それ以外なら、成績なので降順にオプションボタンを設定するようにします。

　並べ替え項目の選択はコンボボックスで行いますが、値を設定する「ListFillRange」は、縦方向の範囲にしか有効ではありません。そのため、Sheet3に、使用頻度の高い順に、**図5-9-4**のように並べ、合計と各科目の間に区切線を入れました。

▼**図5-9-4** コンボボックス

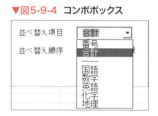

　並べ替えの処理のソースコードです。

▼ Source Code 5-9-d　並べ替えボタン　　　　　5-9.xlsm

```
Private Sub CommandButton2_Click()
Dim stCol As String
Dim stAd As Integer
Dim lastRow As Integer
Dim buff As String
    If ComboBox1.ListIndex = -1 Or ComboBox1.ListIndex = 2 Then
        Exit Sub
    End If
    stAd = IIf(OptionButton2, xlAscending, xlDescending)
    '番号
    If ComboBox1.ListIndex = 0 Then
        stCol = "A"
    '合計
    ElseIf ComboBox1.ListIndex = 1 Then
        stCol = "H"
    '各科目
```

「マクロの記録」を正しく活用　**5-9**

```
    Else
        stCol = Chr(64 + ComboBox1.ListIndex)
    End If
    lastRow = WorksheetFunction.CountA(Columns("A"))
    buff = stCol & "2:" & stCol & lastRow
    Columns("A:H").Select
    ActiveSheet.Sort.SortFields.Clear
    ActiveSheet.Sort.SortFields.Add Key:=Range(buff), Order:=stAd
    With ActiveSheet.Sort
        buff = "A2:H" & lastRow
        .SetRange Range("A2:H13")
        .Apply
    End With
    Range("I1").Select
End Sub
```

実行すると、選択した項目で、希望の並び順で並べ替えが行われます。

こういう、記録したコードをカスタマイズする方法も知りたかったんです！

　変数buffの使い方に注目して下さい。並べ替え条件の設定箇所「SortFields.Add」で、Keyに指定するRangeの中を、buffにしています。

　buffは、その直前で「buff = stCol & "2:" & stCol & lastRow」としており、stColには、番号なら"A"、合計なら"H"、英語なら"E"と、列が入ります。lastRowには、データの最終行を入れています。本書も終盤なので、ここまで使わないできたWorksheetFunctionでCountA関数を利用しています。1行目が項目名なので、「A列のデータ数 ＝ A列の最終行」と判断できます。「数学」が並べ替え項目なら、buffには"C2:C13"と入ることになります。

　並べ替え項目を選択するComboBox1のListIndexが、-1ならExit Sub、0と1以外のときに「stCol = Chr(64 + ComboBox1.ListIndex)」としています。
　これは、国語なら"C"、数学なら"D"をstColに代入するために、VBAの「Chr」

251

第 **5** 章 ......... 発想力と論理的思考力を高めるための例題≪応用編≫

関数を使っています。Chrは、文字コードから対応する文字を取得する関数です。

"A"は、文字コードが65と決まっており、"B"は66と続きます。国語が選ばれたら、ComboBox1.ListIndexは「3」になりますので、64を足すと「67」になり、その値をChr関数で文字に変換すると"C"となるわけです。

---

### POINT

「マクロの記録」で作成したコードを、そのまま使うだけでなく、無駄を省き簡素化させ、汎用性を持たせられるように修正できると、業務プログラムの作り手として、ワンランク上になるのではないでしょうか。

せっかくVBAを学んでいるのですから、「マクロの記録機能さえも、使いこなしてやる！」くらいの気持ちで臨みましょう。

Excelの関数をスマートに活用するにも発想力が必要　**COLUMN**

## COLUMN
# Excelの関数をスマートに活用するにも発想力が必要

　VBAを学ぶきっかけとして、Excel関数の便利さを知り、それと同時に、関数だけでは限界を感じて、さらに複雑な処理を可能にするために「VBAにチャレンジしてみよう」と思った方が多いのではないでしょうか。

　では、Excel関数を使いこなせないと、VBAを学ぶのは難しいのでしょうか。そういうわけではありません。Excel関数を相当なレベルで使いこなせていれば、VBAを学ぶ際に、考え方などで多少は有利な点はあるとは思いますが、絶対条件ではありません。逆に、Excel関数についてはそれほど高いスキルを有していない方が、VBAを学ぶうちに、自然とExcel関数を使いこなせるようになることも珍しくありません。どちらも、発想方法や考え方が似ている点があるからでしょう。

　**やりたいことを実現する手段がExcel関数なのか、VBAなのかの違いだけで、発想力は必要なのは変わりません。**

### ●うるう年の判定

　例として、西暦年から、その年がうるう年かそうでないかを表示することを考えてみましょう。セルA1に4桁で西暦年が書いてあり、セルB1にうるう年なら「○」、そうでないなら「×」と書くことにします。

　うるう年の決まりは次の通りです。

- 年が4で割り切れたらうるう年。（2020、2024など）

- ただし、100で割り切れたらうるう年ではない。（2100、2200など）

- ただし、400で割り切れたら、やっぱりうるう年。（2000、2400など）

　Excelの関数とVBA,両方で作ってみましょう。「4や100で割り切れたら」から、「IF」と「MOD」が必要になります。

253

Excel関数で作るなら「IF系関数」と「MOD関数」、VBAで作るなら「Ifステートメント」と「Mod演算子」です。Excel関数で作る場合に「IF系」としたのは、「IF」「IFS」など、いくつかあるからです。

Excel関数で作る場合でも、VBAで作る場合でも、スキルによってわかりやすく書ける方もいれば、そうでない方もいることでしょう。

Excel関数でなら、関数の入れ子の順、VBAならIf〜ElseIfの順あたりに、差が出てくるのではないでしょうか。

## ● カレンダーの表示

では、もう一つ、発想力とスキルを試す課題を出してみます。

シートに「年」と「月」を指定すると、1日〜末日までのカレンダーをD列に表示するものです。年は西暦で4桁、月は1〜12までを、リスト入力させることにします。

VBAで作る場合、大の月／小の月を判断するために、月毎に末日の日付けを別シートで設定しても構いませんが、無くても可能です。Excel関数で作る場合は、各月の末日は特に必要ないでしょう。

Excel関数で作る場合、1日〜28日までは必ずあります。あとは、29日までなのか、30日か31日かという判断になるので、関数の全体構成が分かれることになります。

また、1日〜28日までは無条件で表示するでもいいし、1日は無条件で表示し、2日〜28日は、「上の行＋1」で出すこともできます。後者の考え方で作るなら、1日、2日〜28日、29日〜31日と3種類に分けられた関数構築になります。

Excel関数、VBA関数、どちらで作る場合も、「年と月の入力がなかったら」の判断や、表示した日付分のセルだけ罫線を書くなど、一層の工夫をして下さい。

どちらの課題も、答えのファイルがダウンロードできます。確認してみて下さい(for column.xlsm)。

第 **6** 章

# 業務システムとして
# 仕上げるための例題
# ≪活用編≫

使用ファイル：6-1.xlsm

# 条件により「いい感じ」に案分させる
―― 人が行う判断の解析

　今まで扱ってきた例題の中には、過去にレッスンで取り上げたプログラムや、相談されて作成指導したものが多くあります。今回の例題も、実際に業務で活用するために相談され、ヒアリングしながら作成したものを題材にしています。ちょっとボリュームが多いですが、読み解いてみて下さい。

　図6-1-1を使って、今回のプログラムで実現したいことを説明します。

▼図6-1-1　在庫と配布の管理データ

| | A | B | C | D | E | F | G | H |
|---|---|---|---|---|---|---|---|---|
| 1 | 店舗名 | 区分 | セーター | | | スカート | | |
| 2 | | | ストック | 在庫数 | 配布 | ストック | 在庫数 | 配布 |
| 3 | 店舗A | A | 1,500 | 820 | | 2,500 | 1,290 | |
| 4 | 店舗B | B | 2,000 | 1,130 | | 2,000 | 400 | |
| 5 | 店舗C | A | 2,500 | 1,460 | | 2,500 | 1,200 | |
| 6 | 店舗D | B | 1,500 | 850 | | 1,500 | 660 | |
| 7 | 店舗E | A | 2,500 | 800 | | 1,500 | 750 | |
| 8 | 店舗F | B | 2,000 | 1,090 | | 2,500 | 2,380 | |
| 9 | 店舗G | A | 1,500 | 690 | | 2,500 | 1,420 | |
| 10 | 店舗H | B | 2,500 | 490 | | 1,500 | 860 | |
| 11 | 店舗I | C | 2,500 | 700 | | 2,000 | 1,820 | |
| 12 | 店舗J | C | 1,500 | 780 | | 2,000 | 1,630 | |

　店舗ごとに、アイテムの在庫と配布を管理しているデータがあります。アパレル系のお店です。

　実際には、店舗数は数百、取り扱いアイテムは数千になりますが、今回は10店舗、2アイテムでプログラムを作成していきます。

　新しく店舗に配布すべきアイテムが、本部に届きます。すると、本部の担当者は、どの店舗にどれくらい配布するかを決めます。今までは何百店舗に対して、標準ストック数と昨日までの販売数から在庫を計算し、どれくらい配布するかを、手動で判断してきました。この処理を自動化するというわけです。

　各店舗への配布個数は、E列もしくはH列の「配布」列に書き込みます。

## まずは、仕様の確認

　業務に活かすプログラムを作成する場合、最初にしなければならないのは、仕様の確認です。わかりやすく言うと、**どんな結果が欲しいのかだけでなく、どう**

いう使われ方をするのか、上限や下限はどれくらいか、イレギュラーな処理はあるのかなど、**細かく確認していきます。**

　SE的に表現するなら「ヒアリングによって要望を引き出し、仕様を確定していく」となります。この作業はとても重要で、プログラム作成に大きく影響します。やりたいことを、どうコード化するかは、プログラマのスキルです。そこに使用する人の使い勝手、判断、要望などが反映されていなければ、満足してもらうものにはなりません。

　自分自身で使う業務化プログラムなら、ヒアリングは自問自答になりますが、機能や操作性をまとめておく必要があります。

このプログラムでは、どんな内容をヒアリングすべきなのでしょうか。

- 配布するアイテム数の上限と下限および、上限・下限の範囲外を設定されたときのプログラムの処理。
- ストック数－在庫数が配布可能枚数だとして、全店舗に最大枚数まで配っても配り切れなかったときの処理。
- 逆に、1、2店舗で配れてしまう配布枚数のときの処理。
- 配布枚数の単位。10枚単位なのか1枚単位でいいのか。

　最低限、これくらいの内容は確認しておきましょう。プログラム作成に慣れてきて、頭の中でコーディングのイメージがすぐに湧くようになると、処理工程に沿って、確認しておくべき内容がわかるようになります。
　プログラムを作成中にも、依頼者から新たな要望が出てくることは十分予想されます。最初に要望をヒアリングしたときに依頼者が言い忘れることもあるでしょうが、それよりも、ヒアリングするほうが聞き洩らしたことが原因となる場合が多いのです。
　また、作成中のプログラムが、思いの外いい出来というか、依頼者の期待を上回る機能を実装できそうなので「だったらこんなことも…」と、期待が膨らむこともあります。

# 第6章 業務システムとして仕上げるための例題《活用編》

> **TIPS**
> 
> ## 依頼者（ユーザー）はプログラムでできる可能性を知らない
> 
> プログラムを作成する側は、コントロールなどを駆使し、創造力豊かにプログラムを作成します。一方、プログラムやVBAに詳しくない依頼者は、VBAでどんなことができるのか、何ができるのかがわからないので、いくらヒアリングしても事前に100%の要望が出てくることはありません。

ヒアリングの結果、次の内容が決まりました。

- 配布数は、1,000〜10,000の範囲で、100枚単位で入力。範囲外の入力の場合は、エラーメッセージを表示し、プログラムを終了させる。
- 配布先は、店舗区分で全て、Aのみ、Bのみ、Cのみ、BとCの5パターンから選択する。
- 配布単位は10枚、50枚、100枚で選択可にし、初期値は10枚とする。
- 店舗ごとの「ストック数−在庫数」が、その店舗への配布可能枚数。
- 配り切れなかった場合は、そのことがわかるようにシートに表示。

少ない店舗で配り切れたとしても、あとで手修正するので、厳正に全ての店舗に等しく配布する必要はなし、ということも決まりました。

配布単位を50枚や100枚にして計算を実行して、その結果を踏まえて若干の修正をする運用ということなので、プログラムでは「とりあえずいい感じに案分」できればOKということを、合わせて説明されました。

ここまでが、プログラムの仕様と要望になります。さて、プログラムを作成するに当たって、どのように考えていけばいいでしょうか。

## ユーザーインターフェースとロジック

配布するアイテム、配布数の入力、店舗区分の選択などが必要になるので、操作としては、シートのボタンでフォームを立ち上げ、そこで配布数などの設定を行ってから、配分処理をするのがいいと思います。

まずはユーザーインターフェースですね。ユーザーの操作に関しては**図6-1-2**のようにしました。

アイテムはコンボボックスで選択、配布枚数と配布単位は入力、配布先店舗はオプションボタンで選択にしました。枚数に関しては、入力された値が範囲内かのチェックが必要になります。

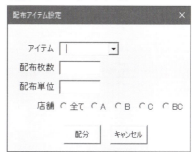

▼図6-1-2　ユーザーフォーム

また、配布単位は10枚、50枚、100枚の3パターンからの選択でもいいかもしれません。ただ、3パターンからの選択だと、パターンが増えたときにはプログラムの修正が必要になります。一方、入力なら3パターン以外ならエラーにするか、10枚〜100枚全てに対応可能なプログラムにするかの判断になります。

今回は、10枚〜100枚で、10枚単位の設定が可能ということにしました。

---

**TIPS**

### ユーザーフレンドリーな設計

　別の例題のときにも触れましたが、ユーザーにとっての使いやすさと汎用性の、両面を考慮したプログラムを作る意識を常に持つことを心がけるようにしましょう。

　配布単位の10枚、50枚、100枚は、「絶対的なもので、将来的に変わることが考えづらい」のなら、選択方式にするべきです。

　逆に、今までの経験から、「この3パターンがほとんど」とか、「40枚の配布もあれば便利かも」や、「100枚を超えることは運用上まずない」などの意見があるようなら、10枚〜100枚に対応することを実現します。

　配布単位を10枚にしたのは、配布枚数が100枚単位で設定することから、端数が出ると、プログラムが面倒になりそうという判断からです。

---

フォームが完成したので、店舗に配分するロジック以外をコーディングしましょう。アイテムのコンボボックスには「セーター」と「スカート」を設定し、セーターが初期値。店舗のオプションボタンの初期値は「全て」。キャンセルボタンは確認メッセージ後にフォームを閉じるようにします。配分ボタンについては、入力項

第**6**章 ........ 業務システムとして仕上げるための例題≪活用編≫

目のチェックまで作ります。

まずは、UserForm_Initializeとキャンセルボタンのソースコードです。

▼ **Source Code 6-1-a** `6-1.xlsm`

```
'フォームを開くとき
Private Sub UserForm_Initialize()
    Me.ComboBox1.Clear
    Me.ComboBox1.AddItem "セーター"
    Me.ComboBox1.AddItem "スカート"
    Me.ComboBox1.ListIndex = 0
    Me.OptionButton1 = True
End Sub

'キャンセルボタン
Private Sub CommandButton2_Click()
    If MsgBox("処理を中止します", vbYesNo, "終了確認") = vbNo Then Exit Sub
    Unload Me
End Sub
```

配分ボタンは、入力漏れチェック、入力範囲チェックの順に行います。また、配分のソースコードは関数化して処理を行うことにしますので、フォームで選択や入力された値は、外部変数に入れておくことにします。まずは、そのモジュール変数と定数です。

▼ **Source Code 6-1-b** [モジュール変数・定数] `6-1.xlsm`

```
Const disMin = 1000
Const disMax = 10000

Dim itemName As String          'アイテム名
Dim itemNo As Integer           '0:セーター 1:スカート
Dim itemClm As Integer          'セーター:3 スカート:6
Dim distriNo As Integer         '配布枚数
Dim lotNo As Integer            '配布単位
Dim tgt As String               '対象店舗コード
```

そして、配分ボタンのソースコードです。

260

条件により「いい感じ」に案分させる——人が行う判断の解析 **6-1**

▼ Source Code 6-1-c
6-1.xlsm

```
'配分ボタン
Private Sub CommandButton1_Click()
Dim flag As Boolean
Dim i As Integer
Dim j As Integer
Dim codes As Variant
    '入力漏れチェック
    flag = True
    If Me.ComboBox1.ListIndex = -1 Then
        flag = False
    End If
    If Val(Me.TextBox1) = 0 Then
        flag = False
    End If
    If Val(Me.TextBox2) = 0 Then
        flag = False
    End If
    If Not flag Then
        MsgBox "項目を全て正しく入力して下さい", vbCritical, "入力エラー"
        Exit Sub
    End If

    '入力された値を変数に
    itemName = Me.ComboBox1
    itemNo = Me.ComboBox1.ListIndex
    distriNo = Val(Me.TextBox1)
    lotNo = Val(Me.TextBox2)
    codes = Array("ABC", "A", "B", "C", "BC")
    For i = 1 To 5
        If Me.Controls("OptionButton" & i) Then
            j = i - 1
        End If
    Next i
    tgt = codes(j)

    '入力値範囲外チェック
    If (distriNo < disMin) Or (distriNo > disMax) Then
```

261

第 **6** 章 ......... 業務システムとして仕上げるための例題≪活用編≫

```
        MsgBox "配布枚数が範囲外です", vbCritical, "入力エラー"
        Exit Sub
    End If
    If (lotNo Mod 10) <> 0 Then
        MsgBox "配布単位が正しくありません", vbCritical, "入力エラー"
        Exit Sub
    End If

    If MsgBox("配分を開始しますか", vbYesNo, "処理前確認") = vbNo Then Exit
                                                              ➡Sub
    Unload Me
```

## ユーザーインターフェースの確認

　今回のように、ユーザーインターフェースと実処理に分かれている場合、ユーザーインターフェースからコーディングすることが望ましく、**フォームのレイアウトができたら、ユーザーの確認を取ることが必要になります。**フォームを確認する段階で、項目の漏れなどにも気付くことがありますし、どんなに優れたロジックのプログラムでも、ユーザーのプログラムに対する善し悪しの判断基準は、「見た目」と「操作性」がほとんどだからです。

　配布枚数の入力値チェックですが、TextBox1に入力された値をVal関数で、Integer型変数distriNoに代入しています。これは、TextBox1に数値以外が入力された場合に0を返すので、disMin未満となり、入力範囲外と判断できるためです。
　また、店舗の選択のOptionButton1～OptionButton5ですが、OptionButton1が選択されていたら"ABC"を、OptionButton2なら"A"を、文字列変数tgtに入れています。シートのB列の区分とLikeで比較できるようにとの工夫です。

　ここまでのコーディングでは、配分の処理はまだ何もしていませんが、Unload Meの前に関数を書き、配分の実処理をさせます。

選択された店舗をB列で探すため、変数tgtに"ABC"、"A"、"B"、"C"、"BC"のどれかを設定するというのは、ちょっとしたテクニックですね。

　AかBかの選択でオプションボタンが二つだけとか、五つのオプションボタンだとしても、A、B、C、D、Eの選択なら、比較的わかりやすいIf文で済みます。しかし、今回のように規則性がなく、オプションボタンが五つというケースでは、どうすれば複雑なIf文をコーディングしないでいいかを考えておくことも、発想の支えとして、引き出しに入れておきたいことの一つです。ちなみに、通常は「全て」か特定の店舗を選択することが多く、BCを選択するのは、レアケースということでした。

　あとは、配分のロジックをどう考えるかですね。人が考えながら作業することをコード化すればいいとは思うのですが、何から手を付ければいいか…。

## 仕様の再確認と段階的コーディング

　各店舗に対する配布可能枚数は、「ストック数−在庫数」になりますが、可能性として、全店舗でストック数と在庫数が同じ、つまり配布可能枚数が0なのに、5000枚を配分しなければならないときは、どう処理するかも考えておかなければなりません。

　さらに、ある店舗で配布可能枚数が90枚で、配布単位が100枚のときには、この店舗は対象外となるのかどうかも確認しなければなりません。

　仕様を決めるヒアリングは、2度でも3度でも、必要なだけ行う必要があります。プログラム作成に慣れてくると、少ない回数のヒアリングで効率的に作業ができるようになってきます。

　新たに、次のような仕様が決まりました。

- 店舗ごとに設定されているストック枚数はあくまで目安で、絶対的なものではない。仮にオーバーして配布することがあっても良しとするが、配布単位一つ分までとすること。
- 店舗の販売状況などで、配布枚数が全てさばけなかったときには、その旨を表示する。

通常の運用や仕入れなどは、店舗の販売状況を見ながら行っているので、配布枚数はさばけることが多く、さばけなかった場合や、いい感じでの案分ができなかったら、そのことがわかるようになっていればOK。あとで担当者が必要に応じて修正するということになりました。

> **TIPS**
>
> **仕様を決めるということ**
>
> プログラムを作るときは、エラーだけでなく、さまざまなケースを想定してその全てに対応しなければなりません。どれだけのケースが想定できて、事前にヒアリングという確認ができるかが、プログラムの出来を左右します。

仕様を踏まえて、いよいよ配分のロジックを考えていきましょう。

 対象の店舗ごとに、配布単位でどれくらい配布できるかを調べていけばいいのですよね。

複雑な処理をコーディングするとき、段階的に行っていくことは何度も述べてきました。段階ごとに確認や検証をしっかり行いながら進めていくわけですが、**途中でミスがあった場合に、いつでも段階ごとの確認ができるような仕組みを作っていくのも、効率的なコーディングのやり方です。**

まずは、対象の店舗にフラグを立てましょう。ただフラグを立てるだけでなく、ストック数−在庫数から、配布単位を1として、何セット配布可能かをI列に書き込むことにします。

配布の実処理を行う関数は「itemServ」という名前で作成しました。フォームの配分ボタンのUnload Meの前に呼び出しています。

▼ Source Code 6-1-d　[itemServ]　　　　　　　　　　6-1.xlsm

```
'配布実処理
Private Sub itemServ()
Dim i As Integer
Dim lastRow As Integer
```

条件により「いい感じ」に案分させる──人が行う判断の解析　**6-1**

```
Dim setNo As Integer
    For i = 3 To 100
        If Cells(i, "A") = "" Then Exit For
        If tgt Like "*" & Cells(i, "B") & "*" Then
            Cells(i, "I") = Int((Cells(i, itemClm) - Cells(i, itemClm + 1))
                                                                ➡ / lotNo)
        End If
    Next i
    lastRow = i - 1
End Sub
```

**TIPS**

## データの終わり

　ここまでのitemServでは、配布可能セット数を対象店舗に書き込むだけの処理なので、データの最終行は「データがなくなるまで」をA列で判断しています。このあとにもForループを使用して処理が追加されていきますので、lastRowにデータの最終行を入れて使用します。こういう方法も、ちょっとしたアイディアです。

　**図6-1-3**は、アイテムをスカート、店舗選択をBC、配布単位を50で行った結果です。I列に配布可能セット数を書き込みました。J列は確認のためにExcel関数で計算したものです。

　この段階でテストをする際は、アイテムや店舗選択を変えたり、配布単位を変えたりしながら、さまざまなパターンでテストを行いましょう。

▼図6-1-3　算出結果

| | A | B | C | D | E | F | G | H | I | J |
|---|---|---|---|---|---|---|---|---|---|---|
| 1 | 店舗名 | 区分 | セーター | | | スカート | | | 実行 | |
| 2 | | | ストック | 在庫数 | 配布 | ストック | 在庫数 | 配布 | | |
| 3 | 店舗A | A | 1,500 | 820 | | 2,500 | 1,290 | | | 24.2 |
| 4 | 店舗B | B | 2,000 | 1,130 | | 2,000 | 400 | | 32 | 32 |
| 5 | 店舗C | A | 2,500 | 1,460 | | 2,500 | 1,200 | | | 26 |
| 6 | 店舗D | B | 1,500 | 850 | | 1,500 | 660 | | 16 | 16.8 |
| 7 | 店舗E | A | 2,500 | 800 | | 1,500 | 750 | | | 15 |
| 8 | 店舗F | B | 2,000 | 1,090 | | 2,500 | 2,380 | | 2 | 2.4 |
| 9 | 店舗G | A | 1,500 | 690 | | 2,500 | 1,420 | | | 21.6 |
| 10 | 店舗H | B | 2,500 | 490 | | 1,500 | 860 | | 12 | 12.8 |
| 11 | 店舗I | C | 2,500 | 700 | | 2,000 | 1,820 | | 3 | 3.6 |
| 12 | 店舗J | C | 1,500 | 780 | | 2,000 | 1,630 | | 7 | 7.4 |

265

## 確認しながらのコーディング

 各店舗に配布可能セット数が算出できたので、このセット数ずつ分けていくのでしょうか。

　その考えだと、確かに、店舗の配布可能セット数の合計が、配布枚数とほぼ同じときは、いい感じに全店舗に配分されます。
　しかし、配布可能セット数の合計が、配分数より多い場合は、途中で配分が終わってしまいます。**図6-1-4**で説明すると、配布枚数3,000に対して、A〜Dまでの合計が3,100で、Eには配分されないことになります。

▼図6-1-4　途中で配分が終わる

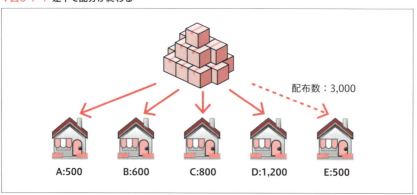

 「配布数＞配布可能セット数の合計」なら、配分しきれなかった枚数をユーザーにお知らせすればいいので、「配布数＜配布可能セット数の合計」のときに、配分できるロジックにしなければならないわけですね。

　どのようなロジックを組むにしろ、各店舗の配布可能セット数は必要になりそうなので、ここまでの考え方の方向性は間違っていません。

 どうすればいいかを考える有効な方法は、図を書いて考えよう、ですね。

では、まとめるべき点に絞った図を書いてみましょう。配布枚数 2,000、配布単位 50 で、対象店舗 A〜D までの配布可能セット数、配布可能枚数が**図 6-1-5** だったとしましょう。配布可能枚数は「セット数 × 配布単位」です。

配布枚数が 2,000 に対し、配布可能枚数の合計は 3,500 になっています。この図で、ア〜エの合計が 2,000 になるように、いい感じの配布可能枚数を各店舗に対して設定できればいいわけです。

▼図6-1-5 配布枚数＜配布可能枚数

| 配布単位：50 | | | 配布数：2,000 |
|---|---|---|---|
| | セット数 | 配布可能数 | |
| A | 10 | 500 | ア |
| B | 16 | 800 | イ |
| C | 20 | 1,000 | ウ |
| D | 24 | 1,200 | エ |
| 合計 | 70 | 3,500 | 2,000 |

3500 − 2000 ＝ 1500。1500 ÷ 50 ＝ 30 なので、セット数が 30 多いわけですね。そこで、A〜D までの各セット数から、ちょっとずつ少なくするというのはどうでしょうか。

少なくするちょっとずつの合計が 30 ということですね。それも悪い方法ではないと思います。4 店舗それぞれから 7 セット分引くと 28 となり、まだ二つ足りません。そこで、元のセット数の上位 2 店に負担してもらうことにし、A と B は 7 セット、C と D は 8 セットを引いて、合計 40 セットになるようにしたのが**図 6-1-6** です。

▼図6-1-6 A案

| 余剰セット数：30 | | | |
|---|---|---|---|
| A | 10 | → | 3 |
| B | 16 | → | 9 |
| C | 20 | → | 12 |
| D | 24 | → | 16 |
| 合計 | 70 | | 40 |

では、これを A 案としましょう。他にいい案は考え付きますか。

店舗の配布可能セット数の合計から、その店舗の割合を算出し、まずはその割合に応じて配布枚数を配分し、端数を配布単位でまとめるという方法はどうでしょうか。

その方法をB案として、**図6-1-7**にまとめてみました。配布枚数は2,000です。配布可能枚数から各店舗の割合を算出し、割合に応じて配布可能な実数計算し、四捨五入して、配布単位でまとめてあります。

▼図6-1-7 B案

配布数2000

| 店舗 | 可能数 | 割合 | 配布実数 | 四捨五入 |
|---|---|---|---|---|
| A | 500 | 14% | 285.7143 | 300 |
| B | 800 | 23% | 457.1429 | 450 |
| C | 1,000 | 29% | 571.4286 | 550 |
| D | 1,200 | 34% | 685.7143 | 700 |
| 合計 | 3,500 | 100% | **2,000** | **2,000** |

 これで、いい感じで処理できたのではないでしょうか。

確かに、配布枚数2,000では、理想通りの結果が得られました。
しかし、**図6-1-8**を見て下さい。配布枚数を3,000にしたら、3,050を配布する結果になってしまいました。おそらく、配布単位にまとめる際の四捨五入の影響ではないでしょうか。

▼図6-1-8 四捨五入の影響

配布数3,000

| 店舗 | 可能数 | 割合 | 配布実数 | 四捨五入 |
|---|---|---|---|---|
| A | 500 | 14% | 428.5714 | 450 |
| B | 800 | 23% | 685.7143 | 700 |
| C | 1,000 | 29% | 857.1429 | 850 |
| D | 1,200 | 34% | 1,028.571 | 1050 |
| 合計 | 3,500 | 100% | **3,000** | **3,050** |

> **注 意**
> **四捨五入は要注意**
>
> プログラム内で、四捨五入を含むロジックには、結果に注意する必要があります。Excelで集計を行ったことがある方なら、集計結果の割合を、小数点以下第一位まで表示する場合、割合の合計が100.0%ではなく、99.9%だったり、100.1%になったりすることも珍しくないことをご存じかと思います。

 結果と配布枚数との差異を、どこかの店舗で調整するというのは、できなくはないと思いますが、複雑なコードになりそうです。A案を元に考えることにします。

　A案を説明した図6-1-6では、元の配布可能セット数に関わらず、最後に7から8に調整した店舗もありますが、一律で余剰分を均等割りした7を引いていました。これでは、引いた7は、10だったA店舗に対しては7割、24だった店舗には3割を引いたことになってしまいます。

　余剰分30を各店舗から差し引くなら、元の配布可能セット数に応じた割合を引かなくてはなりません。

 A案、B案どちらにしても、一筋縄ではいかない感じですね。

　だから、今まで人の手で作業していたときも、大変だったということですね。実際の業務では、店舗数も多く、改装中で配布できない店舗があったり、特定の時期には営業時間が短縮されるため、ストック数を事前調整しなければならなかったりなどのケースもあったようです。

　A案を採用するにしても、余剰分の30を、10:16:20:24で均等に案分するには、比率に応じた計算が必要になります。計算結果は整数で出さなければならないので、四捨五入が組み込まれることになり、やはり誤差が出る可能性があります。

こういう場合は、どうすればいいのでしょう。何か決まりがあるとか、ユーザーに確認するなどが必要なのでしょうか。

**四捨五入による誤差は、一番大きい値で消化させるという方法が一般的な考え方です。** 具体的に説明すると、一番多く配布できるのはD店舗なので、A〜Cまでは配布数を計算ロジックで算出し、Dは「配布枚数−(A〜C)の合計」とする方法です。そして、ユーザーには、内部ではこのような処理をしていることを伝え、了承を得るということになります。

この場合、A案の配布可能セット数、B案の配布可能枚数どちらで行っても大差ありません。

配布実処理の処理内容をまとめると、次のようになります。

① 対象店舗に配布可能セット数を書き込む。
② その際、最大配布可能セット数の店舗を押さえておく。
③ 対象店舗の「配布可能数の合計＞配布枚数」のときは、最大配布可能セット数の店舗は、「配布枚数−他の店舗への配布数の合計」にする。

①はすでにコーディング済みなので、②以降をコーディングすることになりますね。

▼ Source Code 6-1-e  [itemServ]　　　　　　　　　　　　　　　6-1.xlsm
```
Private Sub itemServ()
Dim i As Integer
Dim tmp As Integer
Dim lastRow As Integer          '最終行
Dim setNo As Integer            '配布セット数
Dim noMax As Integer            '   〃    最大値
Dim maxRow As Integer           '最大値の行番号
Dim noTotal As Integer          '調整前配布セット合計
Dim cgTotal As Integer          '調整後配布セット合計
    noTotal = 0
    noMax = 0
    For i = 3 To 100
```

条件により「いい感じ」に案分させる——人が行う判断の解析　**6-1**

```
        If Cells(i, "A") = "" Then Exit For
        If tgt Like "*" & Cells(i, "B") & "*" Then
            setNo = Int(((Cells(i, itemClm) - Cells(i, itemClm + 1)) / lotNo)
            Cells(i, "I") = setNo
            noTotal = noTotal + setNo
            '最大値
            If setNo > noMax Then
                maxRow = i
                noMax = setNo
            End If
        End If
    Next i
    lastRow = i - 1
    '調整　配布数＜配布可能セット数の合計
    If noTotal * lotNo >= distriNo Then
        cgTotal = 0
        tmp = Int(distriNo / lotNo)
        For i = 3 To lastRow
            If Cells(i, "I") <> "" Then
                Cells(i, "J") = Round(Cells(i, "I") * tmp / noTotal, 0)
                cgTotal = cgTotal + Cells(i, "J")
            End If
        Next i
        Cells(maxRow, "J") = Cells(maxRow, "J") + (tmp - cgTotal)
    Else
        For i = 3 To lastRow
            Cells(i, "J") = Cells(i, "I")
        Next i
    End If
End Sub
```

　ソースコードは、I列に書き出した配布セット数に対して、「配布数＜配布可能セット数の合計」の場合は調整を行い、逆の場合はそのままの値をJ列に書き出しています。

　あとは、J列の値に配布単位を掛け、店舗ごとの配布枚数を、E列もしくはH列に書き出し、I列とJ列をクリアし、処理終了のメッセージを表示すれば完成です。

271

図6-1-9は、アイテムをスカート、店舗選択を全て、配布単位を50で行った結果です。4行目の店舗BのJ列は、12から11に調整されています。

▼図6-1-9 算出結果

| | A | B | C | D | E | F | G | H | I | J |
|---|---|---|---|---|---|---|---|---|---|---|
| 1 | 店舗名 | 区分 | セーター | | | スカート | | | 実行 | |
| 2 | | | ストック | 在庫数 | 配布 | ストック | 在庫数 | 配布 | | |
| 3 | 店舗A | A | 1,500 | 820 | | 2,500 | 1,290 | | 24 | 9 |
| 4 | 店舗B | B | 2,000 | 1,130 | | 2,000 | 400 | | 32 | 11 |
| 5 | 店舗C | A | 2,500 | 1,460 | | 2,500 | 1,200 | | 26 | 10 |
| 6 | 店舗D | B | 1,500 | 850 | | 1,500 | 660 | | 16 | 6 |
| 7 | 店舗E | A | 2,500 | 800 | | 1,500 | 750 | | 15 | 6 |
| 8 | 店舗F | B | 2,000 | 1,090 | | 2,500 | 2,380 | | 2 | 1 |
| 9 | 店舗G | A | 1,500 | 690 | | 2,500 | 1,420 | | 21 | 8 |
| 10 | 店舗H | B | 2,500 | 490 | | 1,500 | 860 | | 12 | 5 |
| 11 | 店舗I | C | 2,500 | 700 | | 2,000 | 1,820 | | 3 | 1 |
| 12 | 店舗J | C | 1,500 | 780 | | 2,000 | 1,630 | | 7 | 3 |
| 13 | | | | | | | | | | |
| 14 | | | | | | 20,500 | 12,410 | 0 | 158 | 60 |

ソースコードは思ったより少ないステップ数でコーディングできているという感想ですが、こういう処理を思い付いて、ひとりでコーディングできるかと言われたら、不安が残ります。

コーディングスキルというより「いい感じに案分する」ということを、どのようにコード化すればいいのかが、なかなか発想できないからだと思います。

さまざまな条件を設定し、いい感じに案分する処理は、AI任せのイメージかもしれません。ですが、**仕様と条件を確認し、さまざまなケースを想定しながら処理ロジックを考え、必要に応じて事前検証をすることで、VBAでも立派にプログラムが作れます。**

実際の業務では、数百の店舗に対して処理を行っていたので、毎週送られてくる50超のアイテムを、人間が考えながら配分していたらしく、その作業に1週間掛かっていたそうです。それがこのプログラムを使用するようになって、半日も掛からずにこの業務が終えられるようになりました。

VBAプログラムを最大限に活かす実例です。

最後に、配分する実枚数を、E列もしくはH列に書き込み、作業用に使用したI

列、J列をクリアするコードです。

▼ Source Code 6-1-f　[itemServ]に追加　　　　　6-1.xlsm

```
'配布数の書き込み
servToal = 0
For i = 3 To lastRow
    If Cells(i, "J") <> "" Then
        servToal = servToal + Cells(i, "J") * lotNo
        Cells(i, itemClm + 2) = Cells(i, "J") * lotNo
    End If
Next i
Columns("I:J").ClearContents
MsgBox servToal & "枚を配分しました", vbInformation, "処理終了"
```

**POINT**

　実務に活かすプログラムなら、ユーザーインターフェースが大切です。仕様をまとめたら、まずはユーザーインターフェースを確定させましょう。

　また、処理ロジックに関してですが、条件や判断材料が複雑でも、人が考えれば割とすぐに答えを導き出すことができます。それをプログラムで実現しようとすると、かなり複雑なロジックになってしまいます。さらに膨大な条件要素を取り組むことにでもなれば、もはやAIのレベルになってしまうでしょう。

　今回の例題のように「いい感じに案分する」くらいなら、さまざまなケースの洗い出しと発想力で、何とかプログラム化できるのではないでしょうか。本書で何度も取り上げている「洗い出し」と「発想力」がプログラム化スキルの全てといっても過言ではないことは、すでに実感していることと思います。

　使っていないセルを作業用に活用するテクニックなどは、その発想を助ける引き出しの一つとして覚えておいて下さい。

# 6-2 全社員が所有する取引先の名刺データ活用——仕様をまとめる

使用ファイル：6-2.xlsm

先日、社内で情報の一元管理が取り上げられ、仕入先、販売先、営業先などの企業情報を全社員で共有することが検討されました。

　仕入先なら資材やサービス、販売先なら取り扱い可能商品や販売網といった情報共有し、経営戦略に活かしていこうということですね。
　営業先に対してなら、これまでの提案内容や担当者といった営業情報について、無駄のない営業戦略支援に役立てられそうですね。

こういうシステムの場合、どうすればいいのでしょうか。

　「どうすればいいのか」は、あまりにも漠然とした質問ですし、まず考えなければならないことは、どうすればいいのかではなく「どうしたいか」です。
　これまでに学んだことも踏まえ、業務プログラムをどのように作っていくかを学んでいきましょう。

## 仕様をまとめるために大切なこと

　どんな使われ方をするのか、どんな機能があれば使いやすいプログラムになるのかを、まず決めることから始めます。そのあと、それぞれの機能を実現するために、どのようにプログラムを作ればいいかを発想していきます。
　**業務に活かすプログラムは、「どういうプログラムにしたいか」です。**

使用頻度が高い営業部と資材管理部を重点的に、関係部署にヒアリングすることから始めてみます。

ユーザーの要望を取り入れ、どのような機能を持ったプログラムにするかを考える段階では、できるかできないかはあまり考えずに、機能をまとめていくことが大切です。

要望が出そろったところで、一つひとつの機能について、どうやって実現していくか、何をどうすれば可能かを考えていきます。

 ヒアリングし検討した結果、機能は次のようになりました。

社員が所有する名刺データをデータ化し、検索項目は、

- 社名（一部しかわからない場合にも対応）
- 住所（一部しかわからない場合にも対応）
- 商品、サービス
- 名刺交換した者が記録した特記事項

  例えば、「東南アジアに販売網がある」とか「社長がゴルフ好き」といった業務につながるもの、つながらないものなど含める。
  また、検索結果は、企業を「仕入先」「取引先」「その他」に分け、それぞれ単独もしくは、組み合わせで検索を行うことを可能とする。

情報の一元管理をすることで、「こんな商品を扱っている会社はないか」とか、「これに関する特許を持っている会社はあったかな」といったことを、人の記憶ではなく、データから判断しようということですね。

## 使用者をイメージしてユーザーインターフェースを決める

検索は、社名や住所、商品名や特記時項などを入力して行うことは、容易に想像できます。検索のキーワードがいくつ設定できるか、ANDやOR指定はどうするかなどの検討が必要になります。さらには、検索した結果をどう表示するかで、プログラムの善し悪しが決まってきます。

その辺についてはどうでしょうか。

検索内容を入力するには、フォームを使用し、検索結果はシート上に一覧展開させます。また、一覧の中から社名をクリックすると、名刺の画像が表示されるようにしたいです。

　せっかくプログラムを作るわけですから、使い勝手がよく、皆に愛されるものを作っていきましょう。「業務プログラム」というより、もはや「業務システム」ですね。
　「業務システム」と言うと、少し大げさかと思うかもしれませんが、数日掛かっていた手作業をVBAプログラムを使って数分で終わらせられることは、決して珍しいことではありません。今後も手作業で行っていくことを考えると、業務に対する貢献度は計りしれないものがあります。
　VBAを習得する醍醐味は、その辺りにあるのかもしれません。

## 運用の確認

　機能がまとまったら、データに焦点を当て、運用を確認することも忘れないようにしましょう。

 具体的にはどのようなことでしょうか。

　運用開始時には、これまでの名刺をデータ化することになると思いますが、「現在何社くらいあるのか」「新しい取引先の企業データの追加やデータ削除は、誰がどのように、どんなタイミングで行うのか」などは、最低限確認しておくべき点です。

 今のところ、仕入先、販売先など全て合わせて800社ほどあり、検索でヒットした場合に表示させる名刺はスキャナーで画像化しておきます。データの追加は月に数社程度、削除は年に数社あるかないかということです。

　では、データの追加・削除などの機能は今後考えることにして、まずは、企業情報検索システムを完成させましょう。

---

**TIPS**

## 段階的システム開発

　一つのプログラムだけでなく、いくつかの機能をもつ業務システムなら、段階的に作成していくことは、とても有効な方法です。

---

　検討の結果、登録するデータとレイアウトは、**図6-2-1**のように決まりました。シート名は「企業情報」です。

▼**図6-2-1　企業情報**

| | A | B | C | D | E | F | G | H | I | J | K | L | M | N | O |
|---|---|---|---|---|---|---|---|---|---|---|---|---|---|---|---|
| 1 | No. | 区分 | 社名 | 郵便番号 | 住所1 | 住所2 | 代表者名 | 担当者名 | 電話番号 | メールアドレス | 商品・サービス | 特記事項 | 自社担当者 | 名刺交換日 | その他 |

　A列にはNo.を振り、L列までが相手企業の情報、M列とN列が自社の担当者情報になります。

　B列の「区分」には、仕入先=1、販売先=2、それ以外=3を設定し、K列の「商品・サービス」には、相手先企業の業務内容に関するものを入力します。それ以外の関連事項は、L列に入力することになりました。なお、K列、L列に登録する内容が複数になる場合には、カンマで区切って入力することとします。


## 運用とプログラム、両面から仕様を決める

　登録する商品やサービス、特記事項は、列を複数作って登録する方法もありますが、登録のしやすさとプログラムの作りやすさ、両面から検討します。

　仮に商品やサービス、特記事項をそれぞれ10列ずつ設定し、登録する運用だとしましょう。プログラムでは、Forループで10列の内容を配列変数などに入れ、検索語句と比較することになります。

　一方、一つの列にカンマで区切って登録されているなら、そのセルのデータに対して、検索を行えばいいだけなので、楽なソースコードになります。決め事を決める際に、ソースコードやロジックが想定できるかどうかは、そのあとのコーディング作業に大きく関わってきます。

　さらに、登録する商品やサービスが20個に増えた場合を考えると、10列から

20列への変更に対応するため、プログラムも修正しなければならないのに対し、カンマ区切りのデータセルを検索するだけなら、上限数は特に気にする必要もありません。

 他に決めておくべきことはありますか。

　プログラムを作成するロジックにも関わることですが、稼働環境を決めなければなりません。企業データは、プログラムと同じファイルの別シートにあるので、シート名さえ決めればOKですが、検索対象になったデータをクリックすると表示される、スキャンした名刺画像をどのフォルダに置くかを決めておきましょう。

 運用とプログラムは、切り離して考えてはいけないのですね。名刺データは、プログラムを置くフォルダに「mdata」というフォルダを作成し、そこに置くことにします。

　企業データと名刺画像は、どのように関連付けますか。
　管理しやすくオーソドックスな方法は、名刺画像のファイル名を、企業データの連番を組み込んだ形にします。例えば「md-xxxxx.jpg」のようにし、xxxxxの部分を、企業データの連番にするわけです。もしくは、md-xxxxxまではそのルールにし、そのあとに、自由な文字列を付加可能とする運用方法です。

 「md-xxxxx(技術評論社).jpg」のようにするわけですね。これならパソコンでファイル一覧を見ただけで、どの会社なのか一目瞭然です。このルールを適用します。

　名刺画像のファイル名のネーミング基準を決める際にも、プログラミングスキルが活かされているのはわかりますか。

 文字列「md-」と、企業データの連番を結合して、ファイル名を組み立てるわけですね。名刺画像を探すときには、ワイルドカードと組み合わせて、

「md-xxxxx*.jpg」で検索すればいいかなと思います。

その通りです。やりたいことをどうプログラム化するかの発想力が、だいぶ身に付いてきましたね。

## 詳細を決め、段階的コーディング

検索条件設定は、フォームで行うということでしたが、その詳細についてはどうでしょうか。

社名や住所は、検索語句が含まれるかどうかで検索します。商品・サービスに対する検索キーワードは三つまで指定可にし、全てAND条件、つまり絞り込みで検索したいと思います。

「東京」の「人材派遣」を行っている会社であるとか、「イベント」を行っていて「ノベルティグッズ」も扱っている会社という感じですね。
　検索対象にする区分については、1,2,3それぞれ、もしくは組み合わせや全てなど、自由に設定できるようにしましょう。

できるかどうかはわかりませんが、「あったら便利な機能」として考えたのは、検索条件が設定されるたび、該当件数がリアルタイムで表示されるようにすることです。

それは、とてもいい考えですね。検索して表示させた結果、数百社が一覧表示されたら、再度絞り込みをしたくなります。数件、十数件といった「ちょうどいい件数」になるように、検索キーワードや区分、住所などの条件を設定するたびに、その時点での該当件数を表示するようにしましょう。

そして、商品・サービスに対するキーワードは、特記事項も含めて検索するかどうかを、設定できるようにします。

## コーディングを楽にするコントロール名

ここまでの内容を踏まえて、検索画面のフォームを作成してみました。(**図6-2-2**)

フォームが開いたときの初期状態では、区分の1〜3全てにチェックを入れるようにしています。

▼図6-2-2 検索条件設定

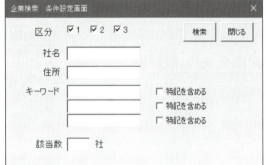

---

**TIPS**

### コントロール名

今後のコーディングを考慮し、各コントロールはハンドリングしやすいネーミングにしています。

- 区分のチェックボックス：kbck1〜kbck3
- 社名を検索するテキストボックス：kname
- 住所を検索するテキストボックス：kadd
- キーワードを入力するテキストボックス：keywd1〜keywd3
- 特記を含めるかどうかのチェックボックス：plsT1〜plsT3
- 該当者数を表示するテキストボックス：tgtCnt

さらに、tgtCntは編集不可なので、プロパティでLockedにTrueを設定しています。

---

フォームが立ち上がったら、区分全てチェックが入っている状態なので、その時点で、該当数は全件数ということになりますね。段階的にコーディングしていきますが、区分の各チェックボックスをON/OFFにして、該当数が切り替わることから始めたいと思います。

チェックボックスのON/OFFが切り替わるときに発生するイベントは「Change」です。よって、件数を数え、該当数を書き込む処理を関数化し、kbck1からkbck3までのChangeイベントで呼び出します。関数名は「dataCheck」とします。

▼ Source Code 6-2-a　各チェックボックス　　　　　　　　6-2.xlsm

```vb
'区分1
Private Sub kbck1_Change()
    Call dataCheck
End Sub
'区分2
Private Sub kbck2_Change()
    Call dataCheck
End Sub
'区分3
Private Sub kbck3_Change()
    Call dataCheck
End Sub
```

▼ Source Code 6-2-b　dataCheck　　　　　　　　　　　　6-2.xlsm

```vb
'条件設定により、該当件数を表示
Private Sub dataCheck()
Dim i As Integer
Dim kubun As String
Dim buff As String
Dim cnt As Integer
    If Not cntFlag Then Exit Sub
    '作業列をクリア
    Sheets(DATA_SHEET).Columns("Q").ClearContents
    kubun = ""
    '設定された区分を組み立て
    For i = 1 To 3
        If Me.Controls("kbck" & i) Then
            kubun = kubun & i
        End If
    Next i
    '該当データにフラグを立て、件数を数える
    cnt = 0
```

第 **6** 章 ……… 業務システムとして仕上げるための例題≪活用編≫

```vbnet
    With Sheets(DATA_SHEET)
        For i = 2 To lastRow
            buff = "*" & .Cells(i, "B") & "*"
            If kubun Like buff Then
                .Cells(i, "Q") = 1
                cnt = cnt + 1
            End If
        Next i
    End With
    '該当件数をテキストボックスに
    Me.tgtCnt = cnt
End Sub
```

## ワイルドカードはかなり有効

　dataCheckでは、選択されている区分を、シート「企業データ」のB列と比較するために、6-1の案分するプログラムでも使った手法を用いています。

　区分が1～3まで全て選ばれているとき、変数kubunには"123"という文字列が入ります。1と3の選択ならkubunには"13"、1だけなら"1"といった具合です。そして、LastRowまで回るForループで、B列にある区分データを、1なら「*1*」という文字列にして、変数buffに入れ、kubunとLikeで比較しています。

　わかりやすいように、具体例を使って説明します。

▼図6-2-3　区分の状態

☑1　☐2　☑3

　区分の選択状況が、**図6-2-3**だとします。この場合、変数kubunは"13"という文字列になります。

　企業データの2行目、B列の区分は"3"になっています。これをbuffには"*3*"という文字列にして代入しています。「*」（アスタリスク）は、ワイルドカードとしての意味です。

　そして、2行目が該当するかのIf文で「kubun Like buff」としています。2行目の区分は"3"なので、「"13" Like "*3*"」となり、結果、該当すると判断されます。

　該当するデータには、企業データのQ列にフラグを立てています。そのため、dataCheckの最初にクリアをしています。

282

データを全件見るにあたって、先頭は2行目から、最終行は「lastRow」で判断しています。lastRowには、のちほど紹介するプロシージャ「UserForm_Initialize」で、最終行をセットしています。

 区分が該当する行にフラグを立てていますが、住所やキーワードを設定したときにも、同様に行うのですね。

その通りです。条件が変わるたびに検索し、件数を数えると共に、該当行にフラグを立てます。そうすれば[検索]ボタンの処理では、フラグが立っている行をシートに一覧展開するだけで済みます。

 検索ボタンが押されてから検索するなら、そのときに条件に合うデータを調べてから一覧表示し、今回のようにリアルタイムで該当数を表示するなら、件数を数えながらフラグを立て、検索ボタンですぐに一覧表示展開させるということですね。

## 無駄なことをしない工夫

 それと気になるのが、cntFlagという変数です。これはなんでしょうか。

では、その説明をするのに、「UserForm_Initialize」のソースコードと、外部変数の「cntFlag」の使い方を紹介します。

▼ Source Code 6-2-c　UserForm_Initialize　　6-2.xlsm

```
Dim cntFlag As Boolean
Dim lastRow As Integer
Const DATA_SHEET = "企業データ"
'初期処理
Private Sub UserForm_Initialize()
Dim i As Integer
    cntFlag = False
    For i = 1 To 3
```

```
        Me.Controls("kbck" & i) = True
    Next i
    lastRow = Sheets(DATA_SHEET).Range("A1").End(xlDown).Row
    cntFlag = True
    Call dataCheck
End Sub
```

　最終行を入れるlastRowも外部変数で、色々なプロシージャで必要になるので、ここで値をセットしています。

　UserForm_Initializeで、区分のためのチェックボックスkbck1～kbck3をONにするForループがありますが、Forの前でcntFlag = Falseにし、Forループが終わったらcntFlag = Trueにしています。

　Source Code 6-2-bで紹介したdataCheckは、cntFlagがFalseなら、何もせずに処理を終えます。これは、kbck1などがONになったりOFFになったりで発生する「kbck1_Change」がdataCheckを呼び出しているためで、kbck1_Changeは、人の操作でkbck1にチェックを入れても、プログラムでTrueを代入しても実行されます。

　つまり、cntFlagがなければ、UserForm_InitializeでForループを使ってkbck1～kbck3まで全てTrueにしているので、dataCheckは3回実行することになってしまいます。これは無駄です。

　この辺のことは、絶対知っておかなければならないことでしょうか。まだ、そこまで思い付く自信がないです。

　経験を積めば大丈夫です。もし、毎回dataCheckを実行しても、無駄ではありますが、大きな間違いというほどではありません。それに、数千件程度のデータだとしても、無駄な処理による処理の遅さを感じることもないでしょう。

> **TIPS**
>
> **動作確認の裏ワザ**
>
> 通常、ユーザーフォームを立ち上げると、操作の制御はフォームに移行し、フォームを閉じるまでシートに対する操作は行えません。
> そこで、フォームを開くときに「UserForm1.Show vbModeless」と、オプションを付けます。vbModelessはVBAで用意されている定数です。これで開くと、フォームが開いているときにもシートへの操作が行えます。
> フォームをvbModeless付きで開き、シートを「企業情報」に移動し、区分の1〜3までを切り替えると、それに合わせてQ列のフラグが変化するのが確認できます。

## さあ、仕上げ！

あとは何が残っていますか？

このあとは、dataCheckに会社名や氏名、キーワードでのマッチングを追加して、Q列のフラグが正しく立つようなコードの追加ですね。

そうですね。わかりやすく作りやすいコーディングにしましょう。具体的には、どんな考え方がありますか。

Forループの中で、今は区分のチェックだけでフラグを立てている箇所に、社名、住所、キーワードのチェックを追加します。社名と住所はすぐにチェックできそうなのでForループの中で行い、キーワードチェックは関数化することにします。

各行をチェックするForループの中で、区分、社名、住所、キーワードと順次チェックしていきますが、途中で不一致の対象外となったら、それ以降のチェックは不要になります。その辺はちょっとした工夫が必要になります。
「キーワードチェックは関数化する」という考えはとてもいいですね。

## 第6章 業務システムとして仕上げるための例題≪活用編≫

最初にVBAを学んだときには、関数を作ったり呼び出したりするのが、あまりピンときませんでした。でも段階的にコーディングすることを学んでからは、関数化してコーディングすることが、楽に思えるようになりました。

社名や住所が入力されても、毎回dataCheckを呼び出しますので、まず、次のコーディングをします。

▼ Source Code 6-2-d　社名、住所　　　　　　　　　　　　　6-2.xlsm

```
'社名
Private Sub kname_AfterUpdate()
    Call dataCheck
End Sub
'住所
Private Sub kadd_AfterUpdate()
    Call dataCheck
End Sub
```

社名も住所も、「AfterUpdate」になっている点に注意して下さい。このイベントは、テキストボックスに入力し終わって、テキストボックスからカーソルが離れたときに実行されます。「テキストボックスの内容が更新されたとき」と理解して下さい。

通常の「Change」では、テキストボックスに文字が一文字入力されるたびにイベントが発生します。こちらは、今回の処理には明らかに不適切です。

▼ Source Code 6-2-e　キーワード、特記のチェックボックス　　　6-2.xlsm

```
'キーワード1
Private Sub keywd1_AfterUpdate()
    Call dataCheck
End Sub
'特記を含める1
Private Sub plsT1_Change()
    Call dataCheck
End Sub
```

keywd1もAfterUpdateイベントでdataCheckを呼び出し、keywd2、keywd3も同様にします。さらに、plsT1～plsT3は、ChangeイベントでdataCheckを呼び出します。

追加したdataCheckのコードです。「'該当データにフラグを立て、件数を数える」の箇所の「With Sheets(DATA_SHEET)」の中だけを紹介します。

▼ Source Code 6-2-f　dataCheck追加　　　　　　　　6-2.xlsm

```
        For i = 2 To lastRow
            tgtF = False
            '区分
            buff = "*" & .Cells(i, "B") & "*"
            If kubun Like buff Then
                tgtF = True
            End If
            '社名
            buff = "*" & kname & "*"
            If tgtF And Not (.Cells(i, "C") Like buff) Then
                tgtF = False
            End If
            '住所
            buff = "*" & kadd & "*"
            If tgtF And Not (.Cells(i, "E") Like buff) Then
                tgtF = False
            End If
            'キーワード
            If tgtF Then tgtF = kwc(.Cells(i, "K"), .Cells(i, "L"))
            '対象
            If tgtF Then
                .Cells(i, "Q") = 1
                cnt = cnt + 1
            End If
        Next i
```

社名と住所はForループの中で判断、キーワードはkwcという関数で、マッチングしているのですね。

その、kwcのソースコードがこちらになります。

▼ Source Code 6-2-g　kwc　　　　　　　　　　　　　　6-2.xlsm

```
Private Function kwc(dwd1 As String, dwd2 As String)
Dim rtn As Boolean
Dim i As Integer
Dim work As String
    rtn = True
    For i = 1 To 3
        work = "*" & Me.Controls("keywd" & i) & "*"
        If Not (dwd1 Like work) Then rtn = False
        If Me.Controls("plsT" & i) And dwd2 Like work Then rtn = True
        If Not rtn Then Exit For
    Next i
    kwc = rtn
End Function
```

　dataCheckでの社名や住所との比較、kwcでのキーワードとの比較は、ワイルドカードの使い方が肝です。
　文字列「ABCDEFG」を「*CD*」とLike比較すれば、当然Trueになり、「**」と比較してもTrueになります。
　つまり、社名を入れるknameが空欄の場合、変数buffは「**」となり、C列の社名とは必ず一致することになります。わざわざ、「If Me. kname <> "" Then」で囲み、「マッチさせる会社名が未入力だったら」を考慮する必要がないというわけです。
　その効果は、キーワードの入力欄keywd1〜keywd3の、どこに入れても正しくマッチングできることでもわかります。その上、ソースコードもすっきりします。

あとは、[検索]ボタンの処理として、シートに該当するデータつまり、Q列にフラグが立っているデータを書き出すコードですね。

全社員が所有する取引先の名刺データ活用——仕様をまとめる **6-2**

▼ Source Code 6-2-h　検索ボタン　　　　　　　　　　　　　　`6-2.xlsm`

```
Private Sub CommandButton1_Click()
Dim i As Integer
Dim st1Line As Integer
Dim jpgName As String
Dim jpgNameSh As String
Dim crtFolder As String
    If Me.tgtCnt = "0" Then
        MsgBox "検索結果は0件です", vbCritical, "0件"
        Exit Sub
    End If
    crtFolder = ActiveWorkbook.Path
    Sheets(MAIN_SHEET).Range("A2:F5000").ClearContents
    st1Line = 2
    With Sheets(DATA_SHEET)
        For i = 2 To lastRow
            If .Cells(i, "Q") = 1 Then
                jpgNameSh = crtFolder & "\mdata\md-" & .Cells(i, "A") &
                                                        "*.jpg"
                jpgName = Dir(jpgNameSh)
                Sheets(MAIN_SHEET).Cells(st1Line, "A") = .Cells(i, "A")
                Sheets(MAIN_SHEET).Cells(st1Line, "B") = .Cells(i, "C")
                Sheets(MAIN_SHEET).Cells(st1Line, "C") = .Cells(i, "E") & "
                                                " & .Cells(i, "F")
                Sheets(MAIN_SHEET).Cells(st1Line, "D") = .Cells(i, "K")
                Sheets(MAIN_SHEET).Cells(st1Line, "E") = .Cells(i, "L")
                Sheets(MAIN_SHEET).Cells(st1Line, "F") = .Cells(i, "M")
                If jpgName <> "" Then
                    Sheets(MAIN_SHEET).Hyperlinks.Add Anchor:=Cells
                  (st1Line, "B"), Address:=crtFolder & "\mdata\" & jpgName
                End If
                st1Line = st1Line + 1
            End If
        Next i
    End With
    Unload Me
End Sub
```

289

第**6**章　業務システムとして仕上げるための例題≪活用編≫

　シートへは、No.、社名、住所、商品・サービス、特記事項、自社担当者を出力しています。住所は、企業データの住所1と住所2を結合しています。

　名刺画像の有無については、まず、Dir関数で指定のフォルダと名刺画像のファイル名＋ワイルドカードでファイル名を取得しています。Dir関数では、ファイルがあった場合には、フォルダ名なしのファイル名だけが返ってきます。

　名刺画像へのリンクは、HyperLinksコレクションのAddメソッドで行います。詳しい説明は省略しますが、書式はソースコード通りです。

　テストをする際は、サンプルプログラムの保存先フォルダに「mdata」というフォルダを作成し、K0001の名刺なら「md-K0001(技術評論社).jpg」という名前で名刺画像を作成して下さい。「(技術評論社)」の箇所は任意の文字列の設定が可能です。

　ソースファイル一式をダウンロードすると、mdataフォルダと、md-K0001(技術評論社).jpg、md-K0010(タカハシプランニング).jpgの2社分の名刺データは用意してあります。


　また、当然ながら、プロシージャの最初に、検索結果が0件のチェックを行っています。

---

### POINT

　業務プログラムを作成するには、「どうしたいか」という視点で、機能、ユーザーインターフェースを考えるようにします。

　今回の例題では、コントロールのネーミングを工夫して、コーディングを楽にすること、ワイルドカードの使い方とLike比較、フラグの使い方など、さまざまな発想が盛り込まれていました。また、ちょっとしたテクニックも多々あり、おなかいっぱいになったかもしれません。

VBAの自主練　**COLUMN**

## COLUMN

# VBAの自主練

　私が教えているVBAのレッスンでは、基本的な構文を説明したあと課題を出し、プログラムを作成してもらうことが多いです。課題のプログラムを作る工程で、考え方や発想、変数の使い方、関数化などを学んでもらいます。

　生徒さんからよく、「自分でVBAプログラムを練習する課題などは、どう見つければいいでしょう」と質問されることがあります。自分で練習用の課題を探したり設定したりすると、どうしても、自分が作れそうな内容になってしまい、良い例題が思い付きません。

　そういうときはよく、「**VBAで用意されている関数を、自分で作ってみてはいかがですか**」とアドバイスします。

　例として、指定した文字列の位置を返すInStr関数にチャレンジしてみましょう。InStr関数と同じ結果を返す関数を作るわけです。わかりやすいように、関数名を「InStrOrg」とでもしておきましょう。

　最初に考えなければならないのは、InStrがどういう仕様かということです。「**引数はなに**」で、「**戻り値はなにか**」です。

　InStrの構文を調べると、InStr([start,]string1,string2[,compare])となっています。括弧のstartやcompareは省略できるという意味です。

　まずは最低限必要なstring1とstring2だけで考えていきましょう。

　戻り値については、string1の中にstring2が見つかったらその位置を、見つからなかったら0を返します。

　実は、戻り値についてはさらに細分化されており、「string1が""だったら」「string1がNULLだったら」「string2が""だったら」「string2がNULLだったら」など、文字列を探すことができない場合の値も決められています。

第 **6** 章 ……………… 業務システムとして仕上げるための例題《活用編》

「""」と「NULL」、どちらも「何も値がない」という意味で使われますが、コンピュータの世界、プログラムの世界では、厳密に違いがあります。

ですが、基礎的なプログラムスキルを学ぶ場では、「""」と「NULL」を分けて考える必要もありませんし、通常のVBAプログラムでは、文字列型の変数にNULLが入ることもありません。練習課題として、引数の文字列が何もない場合は「""」で比較すればOKとし、引数のどちらかが「""」だったら、戻り値は「0」としましょう。

ということで、rtn = InStrOrg(string1,string2) を作ってみましょう。当然、本家のInStrは使えませんが、その他の関数は使えます。文字列操作なので、Len、Left、Mid、Rightあたりは、自由に使って発想して下さい。

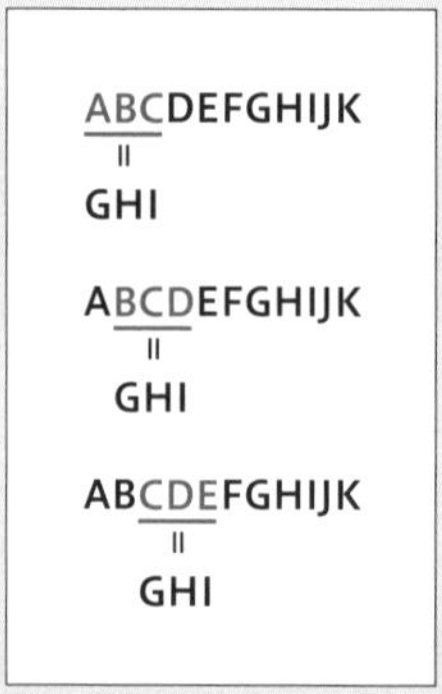

基本的な考え方は、**図C-2**を使って説明します。
string1は「ABCDEFGHIJK」、string2は「GHI」とします。

まず、string1の先頭から、string2の桁数分をstring2と比較します。次にstring1の2文字目からstring2の桁数分string2と比較します。この比較をstring1の最後まで繰り返し、途中で一致したら、それ以降の比較は行わず、そのときのstring1が何桁目から調べたかを戻り値とします。

見つからなかった場合の「0」、「string1の最後まで」の「最後」をどのように判断するか考えて下さい。

▼図C-2 考え方

ABCDEFGHIJK
‖
GHI

ABCDEFGHIJK
‖
GHI

ABCDEFGHIJK
‖
GHI

このプログラムをすぐにコーディングでき、テストも確実に終えられたなら、VBAの実力は確実に上がっています。自信を持って下さい。

解答のサンプルは、「for column.xlsm」のシート「InStrOrg」にあります。テストをする際には、String1、String2を変えて試して下さい。

また、String1を「ABCdefgABC」、String2を「ABC」にして、結果が1か8のどちらになるかを確認するなど、テストへの工夫も発想できるようになって下さい。

# 索引

## アルファベット

| | |
|---|---|
| Abs | 23 |
| ActiveXコントロール | 21,22 |
| Append | 239 |
| Array | 24 |
| Boolean型 | 79 |
| CCur | 23 |
| CDate | 23 |
| CheckBox | 171 |
| Chr | 23 |
| Color | 149 |
| Const | 40 |
| Controlsコレクション | 173,207 |
| CSV | 233 |
| CurDir | 24 |
| Debug.Print | 113,186,216 |
| Dim | 37 |
| Dir | 24 |
| Do Loop | 193 |
| Do Until EOF(1) | 31 |
| Do～Loop While | 31 |
| Do～While Loop | 31 |
| End(xlDown).Row | 118 |
| Endプロパティ | 119 |
| EOF | 237 |
| Errオブジェクト | 66 |
| Excel関数 | 253 |
| Excelファイルの読み込み | 175 |
| Format | 23,240 |
| Function | 29 |
| GetOpenFilename | 176 |
| Goto | 28 |
| If～ElseIf～End If | 104 |
| If～End If | 104 |
| If文 | 31 |
| IIf | 24 |
| Input | 238 |
| InStr | 24 |
| Int | 23 |
| Integer | 26 |
| LBound | 24 |
| Left | 24 |
| Len | 24 |
| Long | 26 |
| Mid | 24 |
| Msgbox | 50 |
| OFFSET | 148 |
| On Error | 61,183 |
| Open | 238 |
| Option Explicit | 25 |
| Print | 240 |
| Public | 37 |
| Public Const | 40 |
| QueryClose | 51 |
| Range | 229 |
| Replace | 23 |
| Right | 24 |
| Sort | 247 |
| Str | 24 |

293

# 索引

| | |
|---|---|
| StrConv | 24 |
| Sub | 29 |
| UBound | 24 |
| Val | 23 |
| Value | 26 |
| Variant | 26 |
| VBA | 21 |
| vbModeless | 285 |
| Visible | 206 |
| With | 77 |
| WorksheetFunction | 28 |

## あ行

| | |
|---|---|
| 値渡し | 28 |
| アルゴリズム | 93 |
| 案分 | 256 |
| イベント | 36,42 |
| イミディエイトウィンドウ | 113 |
| 色 | 149 |
| 運用 | 276 |
| エラー処理 | 61 |
| エラー値 | 78 |
| エラーの原因 | 216 |
| オプションボタン | 43,57 |

## か行

| | |
|---|---|
| 外部変数 | 34,48 |
| 改良バブルソート | 195 |
| 画像の可視化 | 205 |
| 関数 | 23,29,35 |
| 関数化 | 141 |
| 関数の共通化 | 144 |
| グローバル変数 | 34 |

| | |
|---|---|
| 欠損データ | 78 |
| 件数 | 72 |
| コーディングスタイル | 30 |
| 固定長ファイル | 233 |
| コマンドボタン | 54 |
| コメント | 30 |
| コントロール | 22,53,171 |
| コントロールの連携 | 218 |
| コンボボックス | 56,207,218 |

## さ行

| | |
|---|---|
| 最小値 | 91,100,105 |
| 最大値 | 91,100,105 |
| サブルーチン | 29 |
| 暫定値 | 91 |
| シート | 22 |
| シートモジュール | 35 |
| 字下げ | 30 |
| 四捨五入 | 269 |
| 重複データ | 161 |
| 仕様 | 274 |
| 仕様変更 | 140 |
| スコープ | 36 |
| ゼロ割 | 89,111 |

## た行

| | |
|---|---|
| チェックボックス | 57,171 |
| 定数 | 40 |
| 定数の宣言 | 141 |
| データの終わり | 118,125 |
| テキストファイル | 233 |
| テキストボックス | 53 |
| テキストボックスの初期値 | 47 |

## 索引

デバッグ .................................... 185
特定の条件のデータを合計 ................... 85

### な行

内部変数 .................................... 35
並べ替え ............. 188,195,198,204,246
二重ループ ................................. 153

### は行

背景色 ..................................... 149
配列 .................................... 27,193
バケットソート ............................ 198
バブルソート ............................... 188
標準モジュール ............................. 36
ファイルの読み込み ........................ 175
ファンクション ............................. 29
フォーム ................................... 59
フォームコントロール ...................... 22
フラグ ..................................... 79
ブランクデータ ............................ 96
フレーム ................................... 58
プログラムデザイン ....................... 219
プロシージャ ............................ 34,36
変数 ....................................... 35
変数の初期化 .............................. 26
変数のスコープ ............................ 36
変数の宣言 ................................ 30
変数の命名 ................................ 39

### ま行

マクロ .................................. 21,242
マクロの記録 .............................. 242
モジュール ................................. 35

モジュール変数 ............................. 36
文字列 .................................... 130

### や行

ユーザーフォーム ....................... 42,171
ユーザーフォームの初期値 ................... 44

### ら・わ行

リストボックス ......................... 55,218
ループカウンタ ............................. 76
ワイルドカード ............................ 282

## ■著者紹介
田中　徹（たなか　とおる）

tanaka@sc-serv.com

　開発案件やコンサルに携わる一方で、ITリテラシーをはじめ、ExcelやExcel VBAの研修も数多く手掛ける。

　技術者向けには、コミュニケーションスキルの重要性、特にヒアリングスキルに重点を置いたセミナーも行う。

- ●カバー・アイコンデザイン　大野文彰
- ●本文デザイン・DTP　　　　技術評論社制作業務部
- ●編集　　　　　　　　　　　藤澤奈緒美

## ■注意
本書に関するご質問は、FAXや書面でお願いいたします。電話での直接のお問い合わせには一切お答えできませんので、あらかじめご了承下さい。また、以下に示す弊社のWebサイトでも質問用フォームを用意しておりますのでご利用下さい。

　ご質問の際には、書籍名と質問される該当ページ、返信先を明記して下さい。

　e-mailをお使いの方は、メールアドレスの併記をお願いいたします。

## ■お問い合わせ
〒162-0846
東京都新宿区市谷左内町21-13
株式会社技術評論社　書籍編集部
「Excel VBA 文法はわかるのに
プログラムが書けない人が読む本」係
　FAX：03-3513-6183
　Webサイト：https://gihyo.jp/book

---

# Excel VBA 文法はわかるのに プログラムが書けない人が読む本

2019年　9月20日　初　版　第1刷　発行

著　者　　田中　徹
発行者　　片岡　巌
発行所　　株式会社技術評論社
　　　　　東京都新宿区市谷左内町21-13
　　　　　電　話　03-3513-6150　販売促進部
　　　　　　　　　03-3513-6166　書籍編集部
印刷／製本　日経印刷株式会社

---

定価はカバーに表示してあります。
乱丁・落丁本はお取り替えいたします。
本書の一部または全部を著作権法の定める範囲を超え、無断で複写、複製、転載、テープ化、ファイルに落とすことを禁じます。

©2019　田中　徹
ISBN978-4-297-10814-4 C3055
Printed in Japan